普通高等教育创新型人才培养规划教材

Visual Basic 案例式教程

王晓斌　王庆军　姜　莹　等编

北京航空航天大学出版社

内 容 简 介

本书由浅入深地介绍 Visual Basic 6.0 中最基本、最实用的内容，主要包括：Visual Basic 6.0 的一个应用、初识 Visual Basic 及其开发环境、Visual Basic 编程基础、程序控制结构、数组、过程、用户界面设计、文件、数据库应用和数据库应用系统开发案例。书中安排了大量程序设计实例、习题、上机实践，能帮助学生更好地掌握和运用 Visual Basic 语言，并可通过自测题检验对所学知识的理解和掌握程度。

本书是为将 Visual Basic 作为第一门程序设计课程的学生编写的，可作为高等院校本科有关专业的教材，也可供自学者以及参加 Visual Basic 语言计算机等级考试者参考。

图书在版编目(CIP)数据

Visual Basic 案例式教程 / 王晓斌等编． -- 北京：
北京航空航天大学出版社，2017.1
　　ISBN 978－7－5124－2341－1

Ⅰ．①V… Ⅱ．①王… Ⅲ．①BASIC 语言－程序设计－
高等学校－教材 Ⅳ．①TP312.8

中国版本图书馆 CIP 数据核字(2017)第 026296 号

版权所有，侵权必究。

Visual Basic 案例式教程
王晓斌　王庆军　姜　莹　等编
责任编辑　赵延永

*

北京航空航天大学出版社出版发行

北京市海淀区学院路 37 号(邮编 100191)　http://www.buaapress.com.cn
发行部电话：(010)82317024　传真：(010)82328026
读者信箱：goodtextbook@126.com　邮购电话：(010)82316936
北京泽宇印刷有限公司印装　各地书店经销

*

开本：710×1 000　1/16　印张：16.75　字数：357 千字
2017 年 1 月第 1 版　2017 年 1 月第 1 次印刷　印数：2 000 册
ISBN 978－7－5124－2341－1　定价：39.00 元

若本书有倒页、脱页、缺页等印装质量问题，请与本社发行部联系调换。联系电话：(010)82317024

前　　言

随着计算机技术的发展与普及，计算机已经成为各行各业最基本的工具之一，正迅速地进入人们生活的各个领域。Visual Basic 语言作为一种集成开发工具，以其直观的界面设计、简洁的语言风格和易学易用的语法特点被广泛应用。Visual Basic 语言功能强大，兼顾了诸多高级语言的优点，又提供了面向对象的集成开发环境，因此大部分高等院校都把 Visual Basic 语言作为计算机和非计算机专业的第一门程序设计语言课程。

Visual Basic 系统庞大，功能甚多。编者根据多年一线教学实践经验，针对学生学习 Visual Basic 时的难点和困惑，对上一版教材做了调整、修改和增删，使教材重点突出、层次清晰、循序渐进、理论联系实际。全书共 10 章，主要内容包括：Visual Basic 6.0 的一个应用、初识 Visual Basic 及其开发环境、Visual Basic 编程基础、程序控制结构、数组、过程、用户界面设计、文件、数据库应用和数据库应用系统开发案例。另外，教材使用了大量实用的案例，针对所学内容提供了上机实验题目和自测题，使学生轻松上手、快速掌握所学内容，全面提高学、练、用的能力，强化和巩固所学知识。

本书可作为高等学校各专业程序设计基础教学的教材，尤其适合应用型本科、高职高专院校的计算机及非计算机专业的学生使用，同时也可作为编程人员和 Visual Basic 语言自学者的参考用书。

本书由沈阳航空航天大学的王晓斌、王庆军和姜莹等共同编写。由于编者水平有限，书中难免存在一些缺点和错误，殷切希望广大读者批评指正。

编　者
2017 年 1 月

目　　录

第 1 章　Visual Basic 6.0 的一个应用 ……………………………………… 1

学习导读 …………………………………………………………………………… 1
1.1　高校奖学金综合管理系统 ………………………………………………… 1
1.1.1　系统的开发背景 …………………………………………………… 1
1.1.2　系统需求分析 ……………………………………………………… 1
1.1.3　系统实现的目标 …………………………………………………… 2
1.1.4　系统结构图 ………………………………………………………… 2
1.1.5　系统的详细设计 …………………………………………………… 3
1.2　Visual Basic 应用系统设计步骤 …………………………………………… 7
1.2.1　系统分析 …………………………………………………………… 7
1.2.2　系统设计 …………………………………………………………… 7
1.2.3　系统功能模块设计 ………………………………………………… 7
1.2.4　系统测试 …………………………………………………………… 7
本章小结 …………………………………………………………………………… 8
习题 1 ……………………………………………………………………………… 8

第 2 章　初识 Visual Basic 及其开发环境 …………………………………… 9

学习导读 …………………………………………………………………………… 9
2.1　Visual Basic 概述 …………………………………………………………… 9
2.1.1　Visual Basic 的发展 ………………………………………………… 9
2.1.2　Visual Basic 的特点 ………………………………………………… 10
2.1.3　Visual Basic 6.0 版本 ……………………………………………… 10
2.2　Visual Basic 6.0 的安装、启动和退出 …………………………………… 11
2.2.1　Visual Basic 6.0 的安装 …………………………………………… 11
2.2.2　Visual Basic 6.0 的启动和退出 …………………………………… 11
2.3　Visual Basic 6.0 的集成开发环境 ………………………………………… 12
2.3.1　Visual Basic 6.0 集成开发环境的组成 …………………………… 12
2.3.2　定制 Visual Basic 6.0 集成开发环境 ……………………………… 17
2.4　创建和运行 Visual Basic 程序 ……………………………………………… 17
2.4.1　创建工程 …………………………………………………………… 18

2.4.2 创建用户界面 ··· 18
  2.4.3 窗体、控件对象属性设置 ································· 18
  2.4.4 编写代码 ··· 18
  2.4.5 运行和调试程序 ··· 18
  2.4.6 保存程序 ··· 19
  2.4.7 编译程序 ··· 20
本章小结 ··· 20
习题 2 ·· 20

第 3 章 Visual Basic 编程基础 ································· 21

学习导读 ··· 21
3.1 程序设计 ··· 21
  3.1.1 程序与计算机程序 ······································ 21
  3.1.2 计算机程序设计语言 ··································· 22
  3.1.3 计算机程序设计 ·· 23
  3.1.4 算法及其描述 ·· 23
3.2 对象（面向对象程序设计的基本概念） ················ 25
  3.2.1 对　　象 ··· 25
  3.2.2 对象的属性 ··· 25
  3.2.3 对象的事件 ··· 25
  3.2.4 对象的方法 ··· 26
3.3 Visual Basic 窗体和基本控件 ····························· 26
  3.3.1 Visual Basic 窗体 ······································ 26
  3.3.2 Visual Basic 基本控件 ································· 29
3.4 语句组成要素 ··· 32
  3.4.1 标识符 ··· 32
  3.4.2 关键字 ··· 32
  3.4.3 注　　释 ··· 32
3.5 数据类型 ··· 32
  3.5.1 基本数据类型 ·· 32
  3.5.2 自定义数据类型 ·· 33
3.6 常量与变量 ·· 34
  3.6.1 常　　量 ··· 34
  3.6.2 变　　量 ··· 35
3.7 运算符和表达式 ··· 36
  3.7.1 运算符 ··· 36

3.7.2	表达式	39
3.8	常用内部函数	40
3.8.1	数学函数	40
3.8.2	字符串函数	41
3.8.3	转换函数	41
3.8.4	日期和时间函数	42
3.8.5	格式化函数	42
3.8.6	Shell 函数	43
3.9	代码编写规则	44
本章小结		44
习题 3		44

第 4 章 程序控制结构 ... 46

- 学习导读 ... 46
- 4.1 结构化程序设计 ... 46
  - 4.1.1 程序的 3 种基本结构 ... 46
  - 4.1.2 结构化程序设计方法的原则 ... 49
- 4.2 数据的输入和输出 ... 49
  - 4.2.1 赋值语句 ... 49
  - 4.2.2 数据的输入 ... 51
  - 4.2.3 数据的输出 ... 54
- 4.3 选择结构 ... 58
  - 4.3.1 If 语句的几种形式 ... 58
  - 4.3.2 If 语句的嵌套 ... 63
  - 4.3.3 IIf 函数 ... 65
  - 4.3.4 Select Case 语句 ... 66
- 4.4 循环结构 ... 68
  - 4.4.1 For…Next 循环语句 ... 68
  - 4.4.2 Do…Loop 循环语句 ... 71
  - 4.4.3 While…Wend 语句 ... 75
  - 4.4.4 循环结构嵌套 ... 76
- 4.5 其他辅助控制语句 ... 78
  - 4.5.1 跳转语句 GoTo ... 79
  - 4.5.2 退出语句 Exit ... 79
  - 4.5.3 结束语句 End ... 80
  - 4.5.4 复用语句 With…End With ... 80

本章小结 …………………………………………………………………………… 81
  习题 4 ……………………………………………………………………………… 81

第 5 章 数 组 ……………………………………………………………………………… 83

  学习导读 …………………………………………………………………………… 83
  5.1 数 组 …………………………………………………………………………… 83
  5.2 静态数组 ……………………………………………………………………… 84
   5.2.1 一维数组 ………………………………………………………………… 84
   5.2.2 二维数组 ………………………………………………………………… 92
   5.2.3 多维数组 ………………………………………………………………… 97
  5.3 动态数组 ……………………………………………………………………… 98
   5.3.1 动态数组的定义及应用 ………………………………………………… 98
   5.3.2 数组的清除 …………………………………………………………… 100
  5.4 控件数组 ……………………………………………………………………… 101
   5.4.1 控件数组 ……………………………………………………………… 101
   5.4.2 控件数组的创建 ……………………………………………………… 101
   5.4.3 控件数组的使用 ……………………………………………………… 102
  5.5 与数组相关的函数及语句 …………………………………………………… 103
  本章小结 ………………………………………………………………………… 104
  习题 5 …………………………………………………………………………… 104

第 6 章 过 程 ……………………………………………………………………………… 106

  学习导读 ………………………………………………………………………… 106
  6.1 过 程 ………………………………………………………………………… 106
   6.1.1 Visual Basic 应用程序结构 …………………………………………… 106
   6.1.2 Visual Basic 过程 ……………………………………………………… 107
  6.2 Sub 过程 ……………………………………………………………………… 107
   6.2.1 事件过程 ……………………………………………………………… 108
   6.2.2 通用过程 ……………………………………………………………… 108
   6.2.3 Sub 过程调用 ………………………………………………………… 110
  6.3 Function 过程 ………………………………………………………………… 111
   6.3.1 函数过程 ……………………………………………………………… 112
   6.3.2 函数过程调用 ………………………………………………………… 113
  6.4 参数传递 ……………………………………………………………………… 114
   6.4.1 形式参数和实际参数 ………………………………………………… 114
   6.4.2 值传递 ………………………………………………………………… 114

```
        6.4.3  地址传递 ……………………………………………………… 115
        6.4.4  数组参数传递 …………………………………………………… 117
        6.4.5  对象参数传递 …………………………………………………… 119
    6.5  可选参数与可变参数 ……………………………………………………… 121
        6.5.1  可选参数 ……………………………………………………… 121
        6.5.2  可变参数 ……………………………………………………… 121
    6.6  过程的嵌套调用和递归调用 ……………………………………………… 122
        6.6.1  过程的嵌套调用 ……………………………………………… 122
        6.6.2  过程的递归调用 ……………………………………………… 123
    6.7  Sub Main 过程 …………………………………………………………… 124
    6.8  过程的作用域与变量的作用域 …………………………………………… 125
        6.8.1  过程的作用域 ………………………………………………… 125
        6.8.2  变量的作用域 ………………………………………………… 126
    本章小结 ………………………………………………………………………… 128
    习题 6 …………………………………………………………………………… 129

第 7 章  用户界面设计 ………………………………………………………………… 130
    学习导读 ………………………………………………………………………… 130
    7.1  窗  体 …………………………………………………………………… 130
        7.1.1  窗体类型 ……………………………………………………… 130
        7.1.2  设置多窗体应用程序的启动对象 …………………………… 131
        7.1.3  窗体的加载与卸载 …………………………………………… 132
        7.1.4  窗体的主要方法 ……………………………………………… 132
        7.1.5  窗体的主要事件 ……………………………………………… 133
        7.1.6  窗体的生命周期(窗体事件的发生次序) …………………… 136
    7.2  常用控件 ………………………………………………………………… 137
        7.2.1  控件概述 ……………………………………………………… 137
        7.2.2  控件的分类 …………………………………………………… 137
        7.2.3  控件的相关操作 ……………………………………………… 138
        7.2.4  单选按钮、复选框和框架 …………………………………… 138
        7.2.5  列表框和组合框 ……………………………………………… 140
        7.2.6  滚动条和定时器 ……………………………………………… 143
    7.3  ActiveX 控件 …………………………………………………………… 144
        7.3.1  ListView 控件的应用 ………………………………………… 144
        7.3.2  TreeView 控件的应用 ………………………………………… 147
        7.3.3  ImageList 控件的应用 ……………………………………… 151
```

7.3.4　SSTab 控件的应用 ………………………………………………… 151
　　7.3.5　ProgressBar 控件的应用 …………………………………………… 152
　　7.3.6　DTPicker 控件的应用 ……………………………………………… 153
7.4　菜单、工具栏和状态栏 ……………………………………………………… 154
　　7.4.1　下拉式菜单 …………………………………………………………… 155
　　7.4.2　弹出式菜单 …………………………………………………………… 156
　　7.4.3　工具栏设计 …………………………………………………………… 157
　　7.4.4　状态栏设计 …………………………………………………………… 160
7.5　对话框 ………………………………………………………………………… 161
　　7.5.1　输入对话框与消息对话框 …………………………………………… 161
　　7.5.2　自定义对话框 ………………………………………………………… 161
　　7.5.3　通用对话框 …………………………………………………………… 162
7.6　鼠标键盘处理 ………………………………………………………………… 166
　　7.6.1　鼠标指针的设置 ……………………………………………………… 166
　　7.6.2　鼠标事件 ……………………………………………………………… 167
　　7.6.3　键盘事件的响应 ……………………………………………………… 169
本章小结 …………………………………………………………………………… 171
习题 7 ……………………………………………………………………………… 171

第 8 章　文　　件 …………………………………………………………………… 173

学习导读 …………………………………………………………………………… 173
8.1　文件概述 ……………………………………………………………………… 173
　　8.1.1　文件的结构 …………………………………………………………… 173
　　8.1.2　文件的分类 …………………………………………………………… 174
　　8.1.3　文件处理的一般步骤 ………………………………………………… 174
8.2　顺序文件 ……………………………………………………………………… 175
　　8.2.1　顺序文件的打开与关闭 ……………………………………………… 175
　　8.2.2　顺序文件的读写操作 ………………………………………………… 176
8.3　随机文件 ……………………………………………………………………… 178
　　8.3.1　随机文件的打开与关闭 ……………………………………………… 179
　　8.3.2　随机文件的读写操作 ………………………………………………… 179
8.4　二进制文件 …………………………………………………………………… 180
　　8.4.1　二进制文件的打开与关闭 …………………………………………… 180
　　8.4.2　二进制文件的读写操作 ……………………………………………… 181
8.5　文件系统控件 ………………………………………………………………… 182
　　8.5.1　驱动器列表框 ………………………………………………………… 182

8.5.2 目录列表框 ·································	182
8.5.3 文件列表框 ·································	183
本章小结 ···	184
习题 8 ···	184

第9章 数据库应用 ·· 185

学习导读 ···	185
9.1 关系数据库 ·······································	185
9.2 典型 SQL 查询 ····································	186
9.2.1 单表查询 ·································	188
9.2.2 连接查询 ·································	190
9.2.3 嵌套查询 ·································	191
9.3 ADO 控件 ···	192
9.3.1 ADO 控件应用基础 ·························	192
9.3.2 数据绑定 ·································	194
9.3.3 记录集对象 ·······························	194
9.3.4 浏览记录集 ·······························	195
9.3.5 编辑记录集 ·······························	196
9.3.6 数据库访问实例 ···························	197
9.4 其他数据控件编程 ·································	217
9.4.1 Data 控件 ································	217
9.4.2 DataGrid 控件、MSFlexGrid 控件和 MSHFlexGrid 控件 ·····	219
本章小结 ···	221
习题 9 ···	221

第10章 数据库应用系统开发案例 ································ 223

学习导读 ···	223
10.1 数据库应用系统开发方法 ···························	223
10.1.1 结构化生命周期法 ·························	223
10.1.2 快速原型法 ·······························	225
10.1.3 面向对象方法 ·····························	225
10.2 Visual Basic 应用程序打包 ·······················	226
10.3 肯德基宅急送管理系统设计与实现 ···················	227
本章小结 ···	237
习题 10 ··	237

附录 A 实 验 ·· 238

　实验 1　Visual Basic 环境与可视化编程基础 ··································· 238
　实验 2　选择分支结构程序设计 ·· 239
　实验 3　循环结构程序设计 ·· 240
　实验 4　数　组 ·· 240
　实验 5　过　程 ·· 241
　实验 6　用户界面设计 ··· 242
　实验 7　文　件 ·· 244
　实验 8　数据库技术综合应用 ··· 246

附录 B 自测题 ··· 247

　自测题 1 ··· 247
　自测题 2 ··· 252

第 1 章　Visual Basic 6.0 的一个应用

学习导读

案例导入

高校在每学期初都要进行学生奖学金测评统计,其工作主要由各个班级学委和学院学习部组织完成。为减轻复杂、繁琐和重复的统计工作强度,促进高校学生学习工作的科学、规范化管理,某高校管理学院决定开发设计"高校奖学金综合测评管理系统",并选择用 Visual Basic 6.0(简称 VB)语言工具实现。

学习目标

- 先期了解新一代可视化程序设计语言 Visual Basic 6.0 的主要内容和目标。
- 了解应用系统设计实现的主要步骤、相关知识和技术。

1.1　高校奖学金综合管理系统

Visual Basic 语言,因其自己的发展和强大的功能特点,得到广泛的应用。"高校奖学金综合测评管理系统"就选择 Visual Basic 6.0 作为其开发工具。

1.1.1　系统的开发背景

在高等学校,奖学金测评是每个学期重要的一项工作,每个班级的学委都要对每个学期每个学生的学习成绩、参加各种活动及所获奖项进行得分核算。这项工作复杂繁琐,重复操作,以前大多是用 Excel 电子表格进行的。为减轻每学期奖学金测评核算的工作量,我们运用计算机和数据库知识,开发一个通用的适合每个专业、每个班级、每个学期的高校奖学金综合测评管理系统,以促进高校学生学习工作的科学、规范化管理。

1.1.2　系统需求分析

该系统用 Visual Basic 6.0 作为开发平台,基于 MDI 窗体以及 SQL Server 2008 数据库进行开发,力求与高校奖学金综合测评管理的实际工作相结合,具有编辑、查询、统计、打印等功能,旨在使管理工作趋于统一化、规范化、简约化,提高工作效率。

根据高校奖学金综合测评管理存在的问题和实际需求,该系统主要包括以下几大功能模块。

1) 学生信息管理:对参与奖学金测评的某个专业班级学生信息的编辑、浏览和查询等。

2) 教学计划管理:某个测评班级八个学期计划开课信息的编辑、浏览、查询等。

3) 课程信息管理:选择、确定奖学金测评学期所开的具体课程信息。

4) 奖学金管理:动态创建每个学期所开不同课程成绩的编辑、浏览功能界面,计算奖学金、排名,具有查询和统计功能。

5) 系统管理:专业、班级注册初始化、系统初始化、操作员密码设置和系统数据备份与恢复功能。

1.1.3 系统实现的目标

针对高校奖学金综合测评管理的实际需求,本系统实施后,应该达到以下预期目标:

1) 系统界面友好,操作简单易行;
2) 实现班级学生信息的编辑、浏览和查询功能;
3) 实现班级学生八个学期教学计划的编辑、浏览和查询功能;
4) 实现班级每个学期开课选择、确认功能;
5) 实现动态创建、设计班级各个学期所开课成绩的编辑、浏览功能界面功能;
6) 实现奖学金计算、排名、查询和统计功能。

1.1.4 系统结构图

1. 系统功能结构图

根据系统开发对象的实际情况和需求,本系统包含五大功能模块。系统功能结构如图1-1所示。

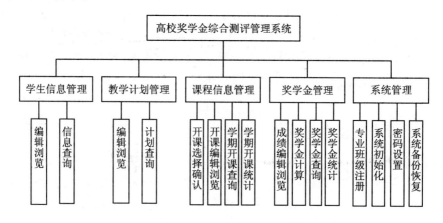

图1-1 系统功能结构图

2. 系统业务流程

根据高校奖学金测评管理的实际情况,该系统主要完成这样一个流程:选择奖学金测评的学期→选择确定本学期开设的课程→动态创建课程成绩编辑浏览窗口→输入每名学生课程考核成绩、行为表现测评打分→计算综合分→综合排名→确认奖学金获奖等级→公示。

系统的业务流程如图1-2所示。

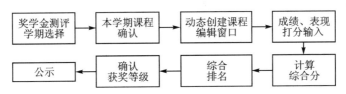

图1-2 系统业务流程图

1.1.5 系统的详细设计

高校奖学金综合测评管理系统的详细设计就是将前期的理论分析实践化的过程,这是管理系统开发过程中的难点和重点,包括管理系统的窗体界面设计和程序代码设计。

1. "系统登录"界面设计

"系统登录"界面如图1-3所示。

2. 系统主界面(菜单)设计

系统主界面如图1-4所示。

3. "专业/班级初始化"界面设计

"专业/班级初始化"界面图1-5所示。

图1-3 "系统登录"界面

图1-4 系统主界面

图1-5 "专业/班级初始化"界面

4. "学生信息编辑浏览"界面设计

"学生信息编辑浏览"管理界面如图1-6所示。

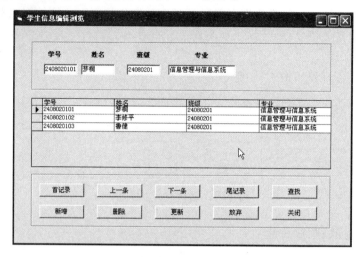

图1-6 "学生信息编辑浏览"管理界面

5. "教学计划编辑浏览"界面设计

"教学计划编辑浏览"界面如图1-7所示。

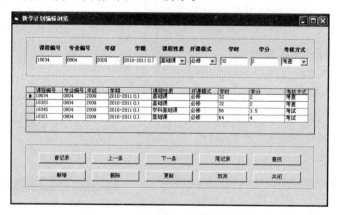

图1-7 "教学计划编辑浏览"界面

6. "学期开课"选择确认功能界面设计

"学期开课"选择确认界面如图1-8所示。

7. "学期开课编辑浏览"界面设计

"学期开课编辑浏览"界面如图1-9所示。

图1-8 "学期开课"选择确认界面

图1-9 "学期开课编辑浏览"界面

8．学期课程统计功能界面设计

学期课程统计功能界面如图1-10所示。

9．"学期成绩编辑浏览"功能界面设计

"学期成绩编辑浏览"功能界面如图1-11所示。

10．"奖学金计算/排名/查询"功能界面设计

"奖学金计算/排名/查询"功能界面如图1-12所示。

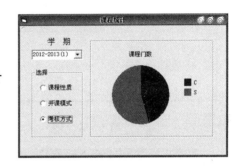

图1-10 学期课程统计功能界面

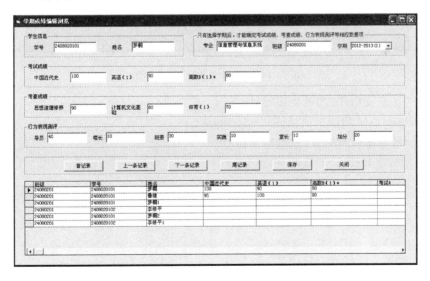

图1-11 "学期成绩编辑浏览"功能界面

11．"奖学金统计"功能界面设计

"奖学金统计功能"初始界面如图1-13所示。

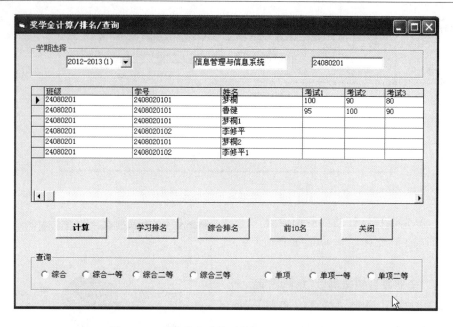

图 1-12 "奖学金计算/排名/查询"功能界面

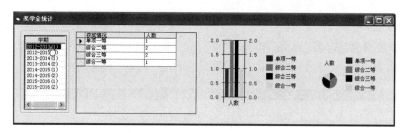

图 1-13 "奖学金统计"功能界面

12. "系统初始化"功能界面设计

"系统初始化"功能界面如图 1-14 所示。

13. "数据备份与恢复"功能界面设计

"数据备份与恢复"功能界面如图 1-15 所示。

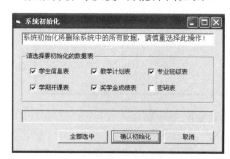

图 1-14 "系统初始化"功能界面

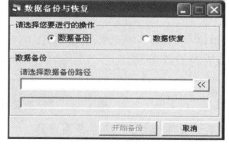

图 1-15 "数据备份与恢复"功能界面

1.2 Visual Basic 应用系统设计步骤

1.2.1 系统分析

系统分析就是了解用户的需求,其基本目标是:对现实世界要处理的对象进行详细调查,在了解原系统(手工系统或以前开发的计算机系统)的情况、确定新系统功能的过程中,确定新系统的目标,收集支持新系统目标的数据需求和处理需求。

注:在系统分析之前,需进行系统规划。初步了解信息系统用户的组织机构、业务范畴以及新系统的目标,并且做出可行性分析,包括经济可行性、技术可行性和使用可行性。

1.2.2 系统设计

系统设计主要包括:概要设计(总体设计)和详细设计(模块设计)。

1) 概要设计(总体设计)阶段的主要任务是把用户的信息要求统一到一个整体的逻辑结构或概念模式中,此结构能表达用户的要求,并且独立于任何硬件和数据库管理系统。从应用程序的角度来讲,这一步要完成子系统的划分和功能模块的划分;从数据库的角度来讲,这一步要完成概念模型的设计。

2) 详细设计(模块设计)阶段包括数据库设计和应用程序设计两大部分。对数据库设计,要根据具体的数据库管理系统设计数据库、设计关系,要考虑数据的完整性、数据的安全和备份策略等。对应用程序设计要给出功能模块说明,考虑实施方法,设计存储过程等。

注:系统开发及运行环境是系统功能最终技术实现的关键因素之一,主要包括:
- 系统开发平台的选择(如 Visual Basic 6.0、ASP、PHP、C♯等);
- 数据库管理系统软件(Access 2010、SQL Server 2005、MySQL 等);
- 运行平台(Windows XP/Windows 2007/Windows 2010 等);
- 显示像素(最佳 1 024×768 等)。

1.2.3 系统功能模块设计

根据系统设计(包括数据库设计)结果进行模块设计,实现系统功能,并建立数据库,装入原始数据,建立存储过程,编写和调试应用程序代码等。

1.2.4 系统测试

系统测试就是对各个子系统、各个模块进行联合调试。在试运行阶段要广泛听取用户的意见,并根据运行效果进行评估,修改系统的错误,改进系统的性能。

如何组织好测试,对保障软件系统的质量、降低测试费用有着重要意义。系统测试需要考虑:测试用例的选择、测试的原则、测试的方法和测试的主要步骤。

注：系统测试完成,将系统交给用户使用,在使用的过程中可能还会出现新的问题,甚至提出新的需求,所以还要不断对系统进行评价和维护。

本章小结

本章通过一个系统实例,简单介绍了开发数据库应用系统的过程和步骤,让学生初步感知设计实现一个数据库应用系统所需的知识和技术,这将作为下一步学习 Visual Basic 的应用案例。

习题 1

1. 简述设计实现数据库应用系统的主要步骤。
2. 简述系统开发的基本条件。
3. 简述系统开发的基本原则。
4. 简述系统开发的方式。

第 2 章　初识 Visual Basic 及其开发环境

学习导读

案例导入

系统开发及运行环境是系统功能最终实现的关键因素之一。选择 Visual Basic 6.0 作为"高校奖学金综合测评管理系统"的开发设计工具,必须了解其功能特点、集成开发环境、系统安装和设计运行 Visual Basic 应用程序的一般步骤。

知识要点

Visual Basic 6.0 是可视化程序设计语言,是一种应用程序的集成开发工具。本章主要介绍:Visual Basic 6.0 的发展历程、功能特点、集成开发环境、系统安装和设计运行 Visual Basic 应用程序的一般步骤。

学习目标

- 了解 Visual Basic 6.0 的主要功能特点;
- 熟悉 Visual Basic 6.0 集成开发环境;
- 掌握 Visual Basic 应用程序的开发步骤。

2.1　Visual Basic 概述

2.1.1　Visual Basic 的发展

Visual Basic 是在 Basic 语言的基础上发展起来的。

20 世纪 70 年代后期,微软公司开发出了 Basic 语言,它是当时比较流行的编程工具,但只能编写功能很弱的小程序。随着 PC 机操作系统的不断发展,微软又推出了新产品 Quick Basic,得到了用户广泛好评。

20 世纪 90 年代初,由于 Windows 操作平台的出现,对 PC 机的操作开始由命令方式向图形方式转变。微软公司利用其强大的技术优势,开始把 Basic 向可视化编程方向发展,于是便有了 Visual Basic 1.0。虽然新产品的功能还很少,但它的出现具有跨时代的意义。随着 Windows 操作平台的不断成熟,Visual Basic 产品由 1.0 版本升级到了 3.0 版本。利用 Visual Basic 3.0 可以快速创建管理信息系统、多媒体、图形图像处理等应用程序。

随着面向对象技术的出现和发展,微软公司又将这一技术加入到 Visual Basic 4.0 版本中,同时还提供了强大的数据库管理功能,使其成为许多管理信息系统的首选开发工具。

随着互联网的出现和迅速发展,微软将 ActiveX 技术引入到了 Visual Basic 6.0 版本中。此时的 Visual Basic 6.0 版本在功能上得到了前所未有的扩充和增强。使用 Visual Basic 既可以开发小型软件,又可以开发多媒体、数据库、网络应用程序等大型软件,是国内外最流行的程序设计语言之一,也是学习开发 Windows 风格应用程序首选的程序设计语言。2002 年微软推出了 Visual Basic.Net,演化为完全面向对象的程序设计语言。

本书以 Visual Basic 6.0 为开发平台介绍其程序设计相关内容。

2.1.2　Visual Basic 的特点

Visual Basic 6.0 强大的功能特点使其得到广泛的应用。学习、掌握和应用 Visual Basic 编程技术,应首先了解其功能特点。

1) 具有基于对象的可视化设计工具,"所见即所得"的方式极大地方便了编程人员进行图形界面设计。

2) 事件驱动的编程机制,非常适合图形用户界面的编程方式。在图形用户界面的应用程序中,用户的动作(即事件,比如命令按钮的单击 Click)控制着程序的运行流程。一段代码的运行响应一个事件的驱动,代码易于编写和维护,极大地提高了程序设计的效率。

3) 易学易用的应用程序集成开发环境,极大地提高了程序的设计和运行效率。

4) 结构化程序设计语言,具有高级语言的模块化、结构化程序设计的特点。

5) 强大的网络、数据库和多媒体功能,VB 系统提供的各类丰富的可视化控件、ActiveX 技术和集成的开发环境,使用户能够开发出集网络、数据库和多媒体技术于一体的应用程序。

6) 完备的联机帮助功能可为系统学习和应用 Visual Basic 6.0 语言提供帮助。

2.1.3　Visual Basic 6.0 版本

Visual Basic 6.0 有学习版、专业版和企业版 3 种不同的版本。

1. 学习版

针对初学者学习和使用的基础版本,包括所有 Visual Basic 6.0 的内部控件及网格、选项卡和数据绑定控件等。通过学习版可以开发 Windows 和 Windows NT 的应用程序。

2. 专业版

专业版主要为专业编程人员提供了一整套功能完备的开发工具。专业版包括学习版的全部功能,还增加了 ActiveX、Internet、Report Write 和报表控件等。

3. 企业版

企业版使得专业编程人员能够开发功能强大的组内分布式应用程序。该版本不仅包括专业版的全部功能,还包括了部件管理器、数据库管理工具、Microsoft Visual SourceSafe 面向工程版的控制系统。

本书使用的是 Visual Basic 6.0 中文企业版。

2.2　Visual Basic 6.0 的安装、启动和退出

2.2.1　Visual Basic 6.0 的安装

Visual Basic 6.0 可以通过 Visual Basic 安装光盘中的自动安装程序进行自动安装,也可以通过执行安装子目录下的 Setup.exe 文件进行安装。在安装程序启动后,按提示进行安装即可。

Visual Basic 6.0 安装方式有两种,即"典型安装"和"自定义安装"。通常采用"典型安装"即可满足用户需求。在安装完成之前,系统将提示用户是否安装 MSDN 以获得联机帮助文档,用户可以选择完成安装过程。

注: 为了使 Visual Basic 6.0 更加完善,需要安装微软的一个补丁程序 SP6。如果不安装 SP6 补丁程序,在保存中文工程时可能会出现乱码。

2.2.2　Visual Basic 6.0 的启动和退出

1. Visual Basic 6.0 的启动

Visual Basic 6.0 的启动方法很多,下面介绍两种常用的启动方法。

(1) 执行"开始"菜单下"程序"/"Microsoft Visual Basic 6.0 中文版"/"Microsoft Visual Basic 6.0 中文版"命令,即可启动 Visual Basic 6.0。

(2) 直接双击桌面 Visual Basic 6.0 程序的快捷方式图标(如果桌面已建快捷方式),即可启动 Visual Basic 6.0。

Visual Basic 6.0 启动后,在默认情况下,系统会自动弹出"新建工程"对话框,如图 2-1 所示。选择"标准 EXE",单击"打开"按钮,即可创建一个新的工程并进入 Visual Basic 6.0 集成开发环境。

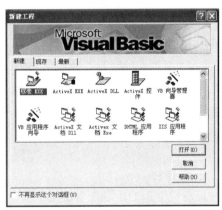

图 2-1　"新建工程"对话框

2. Visual Basic 6.0 的退出

退出 Visual Basic 6.0 有两种常用方法:

(1) 单击 Visual Basic 主窗口右上角的"关闭"按钮,即可退出 Visual Basic 6.0 集成开发环境。

(2) 单击"文件"菜单中的"退出"命令,即可退出 Visual Basic 6.0 集成开发环境。

注:如果退出 Visual Basic 6.0 之前,尚未保存工程及窗体等文件,还需完成相应文件的保存之后才可退出 Visual Basic 6.0。

2.3　Visual Basic 6.0 的集成开发环境

Visual Basic 6.0 集成开发环境是开发 Visual Basic 应用程序的设计平台,熟练掌握 Visual Basic 6.0 集成开发环境是开发应用程序的基础。

2.3.1　Visual Basic 6.0 集成开发环境的组成

Visual Basic 6.0 集成开发环境主要由标题栏、菜单栏、工具栏、工具箱、工程资源管理器、窗体设计器、代码编辑窗口、属性窗口、窗体布局窗口、立即窗口、本地窗口和监视窗口等组成,如图 2-2 所示。

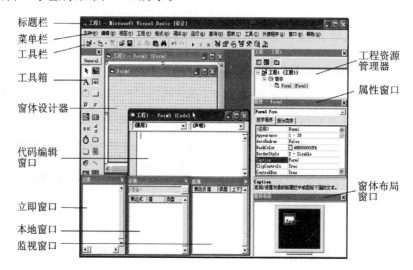

图 2-2　Visual Basic 6.0 集成开发环境

1. 标题栏

标题栏显示的标题随着集成开发环境工作模式的不同而改变。Visual Basic 有三种工作模式:

(1) 设计模式,进行用户界面设计和代码编辑,完成应用程序的开发。

(2) 运行模式,运行应用程序,此时不能编辑窗体和代码。

(3) 中断模式,暂时中断应用程序的运行,可以编辑代码,但不能编辑界面。按 F5 键或单击"继续"按钮,继续运行程序;单击"结束"按钮,停止程序的运行。在此模式下会弹出"立即"窗口,在窗口中可输入命令并立即执行。

2. 菜单栏

Visual Basic 6.0 菜单栏中包括 13 个下拉菜单,通过菜单栏可以实现 Visual Basic 中的所有功能。

(1) 文件,用于新建、打开、保存、显示最近的工程以及生成可执行文件。

(2) 编辑,用于程序源代码的编辑。

(3) 视图,查看程序源代码和控件。

(4) 工程,主要用于窗体、模块、控件和属性页等对象的处理。

(5) 格式,用于控件的布局设计。

(6) 调试,用于程序的调试和改错。

(7) 运行,用于程序的启动、编译执行、中断、停止和重新启动。

(8) 查询,用于数据库数据的访问。

(9) 图表,用于图表处理。

(10) 工具,用于过程及属性的添加、菜单编辑、集成环境的设置。

(11) 外接程序,用于为工程增删外接程序。

(12) 窗口,用于布局工程中的窗体。

(13) 帮助,为用户系统学习 VB 的使用方法及程序设计方法提供帮助。

注:用户可以根据需要,自定义菜单项。执行"视图"菜单中"工具栏"中的"自定义"命令,弹出"自定义"对话框,选择"命令"选项卡,在"类别"列表框中选择主菜单名称,在"命令"列表框中选择所需的命令,然后用拖拽的方法将所需的命令添加到需要的菜单下即可。

3. 工具栏

通过工具栏可以快速访问常用的命令。Visual Basic 提供了四类工具栏:编辑、标准、窗体编辑器和调试。其中"标准"工具栏如图 2-3 所示。

图 2-3 "标准"工具栏

4. 工具箱

工具箱由 20 个标准控件图标组成,如图 2-4 所示。利用这些控件图标,用户可以在窗体上放置相应的控件并进行设计。

在设计用户界面时,如果需要标准控件以外的控件对象,可以执行"工程"菜单中

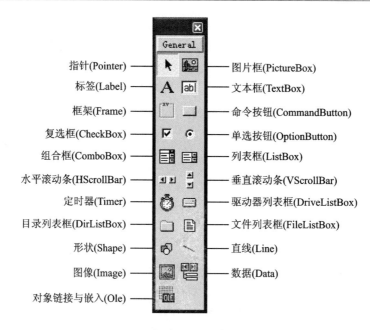

图2-4 工具箱

的"部件"命令,打开"部件"对话框,如图2-5所示。在"控件"选项卡的列表框中,选择所需要的控件,单击"应用"按钮,将所选的控件添加到工具箱中。

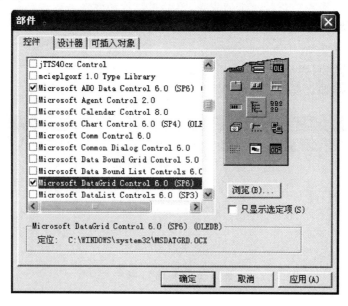

图2-5 "部件"对话框

5. 窗体设计器

窗体设计器是用户设计应用程序交互界面的平台。窗体本身是一个容器控件,窗体与窗体上各种控件的组合、布局,可设计出用户需要的各种功能界面。图 2-6 所示是一个通过窗体设计器平台设计的一个简单用户登录界面运行效果图。

6. 代码编辑窗口

用户通过代码编辑窗口编辑应用程序代码。各种事件过程、用户自定义过程等代码的编写和修改均在此窗口中进行。代码编辑窗口主要包括对象列表框、过程列表框、代码框、断点设置区、全模块查看按钮和过程查看按钮六部分,如图 2-7 所示。

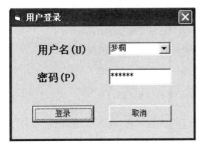

图 2-6 "用户登录"界面

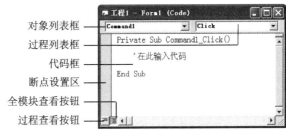

图 2-7 代码编辑窗口

注:工程中的每个窗体或代码模块与各自的代码窗口是一一对应的,只要双击窗体、控件,或单击"工程资源管理器"窗口的"查看代码"按钮,即可打开代码窗口。

7. "属性"窗口

"属性"窗口中列出了窗体或当前控件的属性及属性值,用户通过"属性"窗口对窗体或控件的属性(名称、大小、位置等)进行设置。属性窗口由对象列表框、属性排列方式、属性列表框和属性说明四部分组成,如图 2-8 所示。选中窗体上的控件,"属性"窗口显示被选控件的属性;选定某一属性,对该属性值进行设置或修改。

注:如果属性窗口被隐藏,执行"视图"菜单中的"属性"窗口命令(或右键执行"快捷"菜单中的"属性窗口"命令),即可显示属性窗口。

8. 工程资源管理器

工程资源管理器窗口用于显示当前工程(应用程序)以及工程中所包含的窗体、模块、类、环境设计器、报表设计器等文件信息,并对它们集中管理。

如图 2-9 所示,工程资源管理器窗口有"查看代码""查看对象"和"切换文件夹"三个按钮,用于帮助用户进行不同窗体、模块之间的切换,编辑、完善应用程序窗体设计和代码编写。

(1)"工程资源管理器"中的 3 个主要文件

① 工程文件(.vbp)。一个应用程序对应一个工程文件,用来存储工程的组成信息等。

② 窗体文件(.frm)。一个窗体对应一个窗体文件,窗体和其中所有控件的属性及过程代码均存放在窗体文件中。一个工程可以包含多个窗体,默认情况下,第一个创建的窗体是工程运行的启动对象。

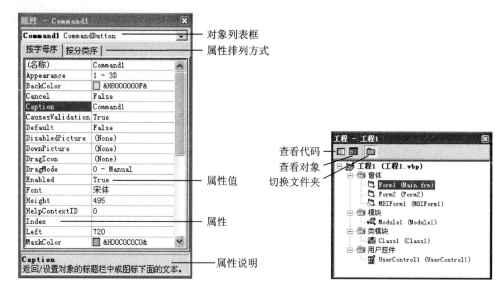

图 2-8 "属性"窗口　　　　图 2-9 工程资源管理器窗口

③ 标准模块文件(.bas)。它为纯代码文件,存放所有模块级变量和用户自定义的通用过程。

(2) 工程资源管理器中的五个主要功能

① 查看对象。选中某对象(如 Form1),单击"查看对象"按钮,则显示包含该对象的窗体窗口。

② 查看代码。选中某对象(如 Form1),单击"查看代码"按钮,则打开与该对象相关的代码窗口。

③ 添加对象。在"工程资源管理器中"单击右键,执行"快捷"菜单中的"添加"命令,按照提示可完成所选对象的添加操作。

④ 删除对象。右击要删除的对象,执行"快捷"菜单中的"移除"命令,即可将所选对象从工程中删除(如被选对象删除之前被保存过,则对应文件在文件夹中仍然存在)。

⑤ 保存对象。右击要保存的对象,执行"快捷"菜单中的"保存"或"另存为"命令,即可保存新建或修改的对象文件。

注：如图 2-9 所示,工程 1(工程 1.vbp)、Form1(Main.frm)、Form2(Form2)、Module1(Module1)等名称,括号左边的表示工程、窗体、标准模块的名称(属性 Name,也可修改,在代码中使用)；括号内的表示此工程、窗体、标准模块等保存在磁盘上的文件名,带扩展名的表示已保存过,否则尚未保存。

9. 其他窗口

(1) "窗体布局"窗口

"窗体布局"窗口主要用于指定程序运行时的初始位置,使所开发的应用程序能在各个不同分辨率的屏幕上正常运行,常用于多窗体应用程序。

(2)"立即"窗口

"立即"窗口用于调试程序,可以在"立即"窗口中键入或粘贴一行代码,按下 Enter 键即可立即执行。

(3)"本地"窗口

"本地"窗口用于调试程序,能显示当前过程中所有局部变量的当前值,包括窗体和控件的各个属性值。

(4)"监视"窗口

"监视"窗口用于调试程序,能查看指定模块和过程中表达式或变量的值。

注:执行"视图"菜单中的"立即窗口""本地窗口""监视窗口"命令,即可打开相应的窗口。

2.3.2 定制 Visual Basic 6.0 集成开发环境

Visual Basic 是一个集应用程序的开发、测试、运行以及发布功能于一体的开发环境,要学习和掌握 Visual Basic 6.0,必须熟悉 Visual Basic 6.0 的集成开发环境。

用户可以执行"工具"菜单下的"选项"命令,在弹出的"选项"对话框中,选择不同的选项卡对其开发环境进行设置,如图 2-10 所示。

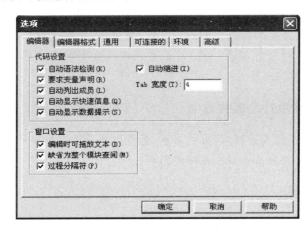

图 2-10 "选项"对话框中的"编辑器"选项卡

Visual Basic 6.0 在设计上更加人性化与灵活,用户可以根据应用程序设计的需要和个人的习惯设置自己的开发环境,保存设置之后,就可以在此工作环境下进行程序设计。

2.4 创建和运行 Visual Basic 程序

了解 Visual Basic 6.0 的功能特点和熟悉 Visual Basic 6.0 集成环境,是开发应用程序的基本前提(后续章节介绍的将是设计编写完整应用程序最主要的内容),重要的是学以致用,在 Visual Basic 6.0 集成开发平台上创建和运行应用程序。

创建和运行 VB 应用程序主要有如下步骤:

① 创建一个工程;
② 创建用户界面;
③ 设置窗体、控件对象属性;
④ 编写代码;
⑤ 运行和调试程序;
⑥ 保存程序;
⑦ 编译程序(如果需要)。

2.4.1 创建工程

进入 Visual Basic 集成开发环境,在"新建工程"对话框中双击"标准 EXE"图标,创建一个新的工程。新工程默认名字为"工程1",其中包含一个窗体 Form1。

2.4.2 创建用户界面

用户界面是应用程序的主要组成部分,主要是向用户提供输入数据以及显示程序运行的结果。窗体和控件对象构成了用户界面的外观,因此,创建用户界面就是将所需要的控件对象放置到窗体上的适当位置,对窗体、控件进行布局设计。

注:同类控件对象可以逐一建立,也可以通过复制的方式建立(控件数组将在第 5 章介绍)。

2.4.3 窗体、控件对象属性设置

属性是对象(窗体或控件)特征的表示,各类对象都有其默认属性值,设置对象的属性就是为了使对象更符合应用程序的需要。

2.4.4 编写代码

编写代码包括对象事件的选择和事件过程代码的编写。选择什么事件、编写什么样的过程代码来响应对象所需的操作,是决定代码编写质量好坏的关键。

过程代码的编写在代码编辑窗口进行。只要双击某控件(如 Command1 按钮),即可打开代码窗口,显示 Click 事件代码的模板,在模板的过程体内编写代码。

注:如果要编辑某个控件的事件过程代码,只要双击该控件,即可打开代码窗口显示出相应的代码。

2.4.5 运行和调试程序

设计、编写的应用程序只有运行后才能进行运算、处理等功能操作,实现用户编程的最终目标。如果设计、编写的程序不能正常运行(出现语法错误、运行错误或逻辑

错误等),就需要进行调试,直到运行出正确的结果并且满足用户需求为止。设计和编写高质量的代码,必须掌握调试程序的方法,更应该提高查找和纠正错误的能力。

注:① 语法错误一般都可在程序编辑和编译时发现,及时修改即可。

② 运行错误是程序运行时,代码执行非法操作所引起的错误(类型不匹配、数组下标越界、分母为零、打开的文件不存在等)。出现运行错误时,系统会自动中断程序的运行,并给出相关的错误提示信息。

③ 逻辑错误是指程序运行后得不到所期望的结果。逻辑错误不产生错误提示信息,如果不认真分析结果,有时很难发现,并引发致命的错误。

2.4.6 保存程序

确认程序运行正常后,执行"文件"菜单中的"保存工程"命令或单击"工具栏"上的"保存"按钮将保存新建的工程。在VB中,一个应用程序以工程文件的形式保存在磁盘上,一个工程中涉及窗体文件、标准模块文件等多种类型文件。保存程序涉及工程中所包含的各种类型文件的保存。

假定工程中只包含窗体文件和标准模块文件,保存文件的步骤如下:

① 执行"文件"菜单中的"保存工程"命令,弹出"文件另存为"对话框,如图2-11所示。

② 输入文件名,单击"保存"按钮,保存标准模块文件后,再次弹出"文件另存为"对话框,如图2-12所示。

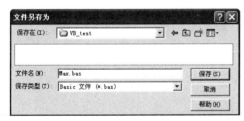

图2-11 "标准模块文件"保存对话框

图2-12 "窗体文件"保存对话框

③ 输入文件名,单击"保存"按钮,保存窗体文件后,最后弹出"工程另存为"对话框,如图2-13所示。

④ 输入文件名,单击"保存"按钮,保存工程文件。

至此,一个应用程序文件保存完毕。

注:在运行程序前,应先保存程序,否则有可能因为程序不正确而造成死机,导致程序丢失。

图2-13 "工程另存为"对话框

2.4.7 编译程序

编译程序就是将设计好的应用程序生成能够在 Windows 系统中直接运行的 .exe 可执行文件。

在两种环境下运行 .exe 可执行文件：

① 脱离 Visual Basic 6.0 集成开发环境（Windows 系统中安装了 Visual Basic 6.0）运行程序，必须将源程序编译成 .exe 可执行文件。在 Visual Basic 6.0 集成开发环境下，执行"文件"菜单下的"生成学生管理.exe"命令（"学生管理"与工程文件名相同）。

② 若在未安装 Visual Basic 6.0 系统的 Windows 环境下运行 .exe 可执行文件，还必须制作安装文件 setup.exe，文件中包含可能用到的其他动态链接库文件。

本章小结

本章首先介绍了 Visual Basic 的发展过程、功能特点及 Visual Basic 6.0 的安装与启动，并对 Visual Basic 6.0 集成开发环境做了详细介绍，最后又描述了创建和运行 Visual Basic 程序的一般过程。

学习 Visual Basic 6.0 语言设计和编写应用程序，必须熟悉 Visual Basic 6.0 的集成开发环境，掌握创建和运行应用程序的方法及步骤。

习题 2

1. 简述 VB 6.0 的主要功能特点。
2. 简述 VB 6.0 集成开发环境各个窗口的作用。
3. 简述创建和运行一个应用程序的步骤。
4. 假定新建一个应用程序后，该工程中有两个窗体模块和一个标准模块。如果要保存此工程，涉及几个文件的保存？文件保存的顺序如何？
5. VB 6.0 帮助系统为用户提供哪些帮助？
6. 学习使用 VB 6.0 帮助系统。

第 3 章　Visual Basic 编程基础

学习导读

案例导入

"高校奖学金综合测评管理系统"的编辑(添加、修改和删除)、浏览、查询、统计和奖学金计算排名等功能都是通过可视化的 VB 窗体、基本控件对象体现的,而功能实现的最终结果又是程序代码执行完成的。因此,学习 Visual Basic,设计应用程序实现系统功能,要从 VB 基本控件对象和程序代码组成入手。

知识要点

Visual Basic 应用程序主要包括可视化界面设计和程序代码编写两部分内容。控件对象是可视化界面的重要组成部分,语句是程序代码的基本组成单位,而语句由数据类型、常量、变量、运算符、表达式和内部函数等构成。本章主要介绍:计算机程序设计、算法、对象、VB 基本控件对象、数据类型、常量、变量、运算符、表达式和常用的内部函数等。

学习目标

- 初步了解算法;
- 了解计算机程序设计和 Visual Basic 程序设计语言;
- 理解对象,掌握 VB 窗体及基本控件对象的使用;
- 掌握各种数据类型常量、变量的定义和使用;
- 掌握各种运算符和表达式的使用;
- 掌握常用内部函数的使用;
- 了解代码编写规则。

3.1　程序设计

3.1.1　程序与计算机程序

1. 程　序

通常,完成一项复杂的任务,需要进行一系列的具体工作,这些按一定的顺序安排的工作即操作序列,就称为程序。程序主要用于描述完成某项功能所涉及的对象和动作规则。例如,某一个学校颁奖大会的程序是:宣布大会开始,介绍出席大会的领导,校长讲话,宣布获奖名单,颁奖,获奖代表发言,宣布大会结束。

2. 计算机程序

计算机程序是为实现特定目标或解决特定问题而用计算机语言编写的命令序列的集合(语句和指令)。计算机程序分为两类：
- 系统程序(操作系统 OS、SQL Server 数据库管理系统等)；
- 应用程序(用汇编语言、高级语言编写的可执行文件)。

计算机程序的特性：
- 目的性(程序有明确的目的)；
- 分步性(程序由一系列计算机可执行的步骤组成)；
- 有序性(不可随意改变程序步骤的执行顺序)；
- 有限性(程序所包含的步骤是有限的)；
- 操作性(有意义的程序总是对某些对象进行操作)；
- 计算机程序可以用机器语言、汇编语言、高级语言来编写。

3.1.2 计算机程序设计语言

计算机程序设计语言即程序设计语言，通常简称为编程语言，是一组用来定义计算机程序的语法规则。人与计算机通信也需要语言，为了使计算机进行各种工作，就需要有一套用以编写计算机程序的数字、字符和语法规则，由这些字符和语法规则组成计算机各种指令(或各种语句)，这就是计算机能接受的语言。

程序设计语言分为三类：
- 机器语言；
- 汇编语言；
- 高级语言(面向过程的语言、面向问题的语言、面向对象的语言)。

C/C++等语言是高级语言，机器语言是低级语言，汇编语言基本上是低级语言。本书仅涉及高级语言。

高级语言与人类自然语言和数学式子相当接近，而且不依赖于某台机器，通用性好。高级语言程序必须经过"翻译"，即把人们用高级语言编写的程序(称为源程序)翻译成机器语言程序(称为目标程序)后才能执行。

高级语言一般采用两种翻译方式：
- 编译方式(编译程序)；
- 解释方式(解释程序)。

通常情况下，学习阶段采用解释方式；应用阶段采用编译方式，如图 3-1 所示。

图 3-1 高级语言程序与机器语言程序转换

3.1.3 计算机程序设计

1．计算机程序设计定义

计算机程序设计是根据系统设计文档中有关模块的处理过程描述，选择合适的程序语言，编制正确、清晰、鲁棒性强、易维护、易理解和高效率程序的过程。

2．计算机程序设计原则

（1）正确性。编制出来的程序能够严格按照规定的要求，准确无误地提供预期的全部信息。

（2）可维护性。程序的应变能力强，执行过程中发现问题或客观条件变化时，调整和修改程序比较简便易行。

（3）可靠性。程序应具有较好的容错能力，不仅在正常情况下能正确工作，而且在意外情况下，亦要能做出适当的处理，以免造成严重损失。尽管不能希望一个程序达到零缺陷，但它应当是十分可靠的。

（4）可理解性。程序的内容清晰、明了，便于阅读和理解。对大型程序来说，要求它不仅逻辑上正确，能执行，而且应当层次清楚，简洁明了，便于阅读。

（5）效率高。程序的结构严谨，运算处理速度快，节省机时。程序和数据的存储、调用安排得当，节省空间，即系统运行时尽量占用较少空间，却能用较快速度完成规定功能。

3．计算机程序设计方法

按程序开发路径有两种程序设计方法：

（1）自顶向下的程序设计方法（从最高层开始，直至实现最低层次为止）；

（2）自底向上的程序设计方法（从最底层开始，直至实现最高层为止）。

4．程序设计的步骤

明确条件；分析数据；确定流程；编写程序；检查和调试；编写程序使用说明书。

5．编程风格

（1）标识符的命名；

（2）程序的书写格式；

（3）程序的注释；

（4）程序的输入和输出。

3.1.4 算法及其描述

算法是学习程序设计的基础，掌握算法可以帮助读者快速理清程序设计的思路，找出问题的多种解决方法，从而选择最合适的解决方案。在程序设计中，构成算法的基本结构有三种：顺序结构、选择结构和循环结构。

1．算　　法

算法就是解决某个问题或处理某件事的方法和步骤。人们使用计算机，就是利用计算机处理各种问题,而要解决这些问题,必须事先对各类问题进行分析,确定采用的方法和步骤。此处所讲的算法是专指用计算机解决某一问题的方法和步骤。

2. 算法的特点

(1) 有穷性。算法必须能在有限的时间内完成问题的求解。

(2) 确定性。一个算法给出的每个计算步骤,必须精确定义,无二义性。

(3) 有效性。算法中的每一个步骤必须有效地执行,并能得到确定结果。

(4) 可行性。设计的算法执行后必须有一个或多个输出结果,否则是无意义的、不可行的。

3. 算法设计的基本方法

算法设计的基本方法有列举法、归纳法、递推法、递归法、减半递推技术和回溯法。

4. 算法复杂度

(1) 算法的时间复杂度。执行算法所需要的计算工作量(算法执行的基本运算次数)。

(2) 算法的空间复杂度。执行算法所需要的内存空间(算法程序所占空间、输入初始数据所占空间和算法执行过程中所需额外空间)。

5. 算法的描述方法

(1) 自然语言。用日常使用的语言描述方法和步骤,通俗易懂,但比较繁琐、冗长,并且对程序流向等描述不明了、不直观。

(2) 传统流程图。通过图形描述,具有逻辑清楚、直观形象、易于理解等特点。传统流程图的基本流程图符号及说明见表3-1。

表3-1 流程图符号及说明

图形符号	名称	说明
	起止框	算法流程的开始和结束
	处理框	完成某种操作(初始化或运算赋值等)
	判断框	判断选择,根据条件满足与否选择不同路径
	输入/输出框	数据的输入/输出操作
	流程线	程序执行的流向
	连接点	流程分支的连接

(3) N-S结构化流程图。将传统流程图中的流程线去掉,把全部算法写在一个矩形框内,有利于程序设计的结构化。

注：当程序算法比较繁琐时，一般采用 N-S 结构化流程图，但对初学者和编写不复杂较小的程序时，建议使用传统流程图来描述算法。

3.2 对象(面向对象程序设计的基本概念)

Visual Basic 程序设计语言是基于面向对象的可视化程序设计语言，采用了一些面向对象的编程技术。在进行(VB)面向对象的程序设计前，首先应了解一些基本概念：类、对象及相关的属性、方法和事件。

3.2.1 对　　象

对象源自于对现实世界的描述，是面向对象程序设计中相对独立的基本实体，是数据和代码的集合。在 Visual Basic 中，对象分为两种：一种是系统预定义对象，即由系统设计，直接供用户使用；另一种是用户自定义对象，即由用户根据需要来设计定义。

在 Visual Basic 中，窗体和控件是可视化程序设计最常使用的对象。VB 工具箱中存放了 20 个标准的控件对象，将其控件设计在窗体界面上即成为真正的对象。对象是构成程序的基本成分和核心。对象通过属性、事件和方法(构成对象的三要素)三个方面进行描述。

在面向对象可视化程序设计时，实例化的控件对象具有自己的属性、事件和方法。

3.2.2 对象的属性

不同的对象拥有不同的特征，属性是用来描述和反映对象特征的参数。Visual Basic 中，常见的属性有控件名称(Name)、标题(Caption)、文本(Text)、颜色(Color)、字体大小(FontSize)、是否可见(Visible)等。这些属性决定了控件对象在界面中的外观及功能。

对象属性的设置有以下两种方法：
① 在设计阶段利用属性窗口直接设置对象的属性值。
② 在程序中用赋值语句设置对象的属性值(程序必须执行才能实现属性设置)。

注：有些属性是只读属性，即在程序中运行时不可改变。

3.2.3 对象的事件

事件是指能够被对象识别的操作，就是发生在该对象上的行为。同一事件，作用于不同的对象上，会得到不同的响应，产生不同的结果。例如，一张 CD 碟和一张 VCD 碟，对于同一事件"播放"操作，产生播放声音和播放视频的不同效果。

在 VB 中，事件是由预先编辑完成的代码所提供的操作，为每个对象预先定义好了一系列事件:鼠标的单击(Click)、双击(DblClick)、改变(Change)、获取焦点(Got-Focus)、键盘按下(KeyPress)等。

用户的每一个动作都是通过事件发送消息反应给系统的,从而决定了程序的运行流程,形成了适合图形用户界面编程方式的事件驱动机制(VB 的一个显著特点)。

当在对象上发生了事件后,应用程序就要有所响应,处理这个事件,而处理的步骤就是事件过程(一段代码)。例如,系统登录和用户密码验证,用户输入用户名和密码后,单击"登录"按钮,触发 Click 事件过程,执行过程代码进行用户名和密码验证。下面是系统登录的 Click 事件过程框架,详细事件过程介绍在后续章节介绍。

```
Private Sub Command1_Click()
    '用户名和密码验证代码
End Sub
```

3.2.4 对象的方法

方法是对象可以执行的操作,是对象对事件操作的一个反应。在 VB 中,方法就是系统提供的一种特殊的过程,用户可以使用对象名称直接调用这些通用的子程序。

对象方法的调用形式为:

① 变量名称=[对象名称.]<方法>[(参数列表)]

② [对象名称.]<方法>[(参数列表)]

说明:省略了对象,表示为当前对象,一般指窗体;形式①有返回值;形式②无返回值。

例如:

```
Form1.Print "Visual Basic  程序设计"        '在窗体 Form1 上显示信息
Print "Visual Basic  程序设计"              '在当前对象上显示信息
Text1.SetFocus                              'Text1 获得焦点
```

3.3 Visual Basic 窗体和基本控件

窗体和控件都是 Visual Basic 应用程序最重要的对象,是程序图形界面设计的基础,是应用程序的重要组成部分。因为有了控件,才使用户图形界面程序功能更强大。本节将简单介绍 VB 窗体和标签、文本框等基本控件,详细内容将在第 7 章介绍。

3.3.1 Visual Basic 窗体

窗体主要用于创建 VB 应用程序的用户界面或对话框。每个用户界面完成相关的应用程序操作;程序运行时,每个窗体对应一个可视化的窗口。

在 VB 中,一个窗体对应一个窗体模块。当新建工程时,系统会自动创建一个窗体。窗体由属性定义外观,由方法定义行为,由事件定义与用户的交互操作。

图形界面设计时,窗体可以作为其他控件的容器,将各个控件放置在窗体上(各个控件对象必须建立在窗体上)。例如,在系统登录窗口上用于输入用户名和密码的文本控件、执行登录进行验证的命令按钮等。

注:窗体上的控件对象随窗体一起显示或隐藏(控件对象本身也可进行可视属性设置);当窗体移动时,其上面的控件也随之移动。

1. 窗体的结构

VB 窗体与 Windows 风格的应用程序窗口一样,也具有控制菜单、标题栏、最小化按钮、自动化/还原按钮、关闭按钮及边框等,如图 3-2 所示。窗体的操作与 Windows 窗口的操作一样,非常简单。

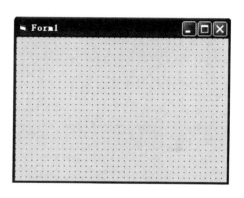

图 3-2　窗体的结构

2. 添加和删除窗体

在 Visual Basic 中,当新建工程时,系统会自动建立一个窗体。但在实际应用中,一个应用系统包含很多窗体功能模块,系统设计时,需要添加新的窗体。向工程中添加窗体有两种方法,一种是在工程中新创建一个窗体,另一种是从外部工程中添加一个现存的窗体。

(1) 在 Visual Basic 开发环境中创建新窗体

① 从"工程"菜单中选择"添加窗体"菜单项(或在工程资源管理器中,右击"窗体",从快捷菜单中选择"添加窗体"),系统显示添加窗体对话框,如图 3-3 所示。

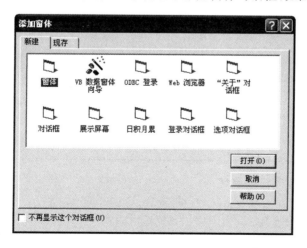

图 3-3　"添加窗体"对话框

② 在"添加窗体"对话框中，选择"新建"选项卡中的"窗体"，按"打开"按钮，一个新的窗体添加到当前工程中并打开。

注：在"添加窗体"对话框中，如果选择"现存"选项卡，并选择或输入现存的窗体文件名，按"打开"按钮，该窗体就添加到工程中并打开。

（2）在 Visual Basic 开发环境中删除窗体

① 在"工程资源管理器"中选择要删除的窗体。

② 从"工程"菜单中选择"移除"菜单命令（或在工程资源管理器中，右击"窗体"，从快捷菜单中选择"移除"命令），系统先将该窗体从工程中移除，再到存放此窗体工程文件的文件夹中将其彻底删除。

3. 窗体的主要属性

窗体的外观主要由窗体属性决定。大部分属性可以通过属性窗口或代码进行设置。几个常用的窗体属性见表 3-2。

表 3-2 常用的窗体属性

属　　性	设置值	说　　明
Name	默认，允许修改	控件对象的名称，在程序代码中使用
Caption	默认，允许修改	窗体的标题
Icon	默认，允许修改	设置窗体最小化的图标
ControlBox	True/False	设置窗体是否显示控制框
MaxButton，MinButton	True/False	设置最大、最小化按钮
BorderStyle	0 无边框，1 固定单边框，2 大小可调，3 固定对话框，4 固定工具窗口，5 可变大小工具窗口	设置窗体边框类型
BackColor	默认，允许修改	设置窗体的背景颜色
Picture	默认无，允许修改	设置窗体显示的图片
Visible	True/False	设置窗体是否可视
Enabled	True/False	设置窗体是否响应用户操作
Height，Width	默认，允许修改	设置窗体的高和宽
Top，Left	默认，允许修改	设置窗体的位置
WindowsState	0 正常窗口，1 最小化，2 最大化	设置窗口的显示状态

4. 窗体的主要方法和语句

窗体上常用的方法有 Show、Hide、Print、Cls 和 Move 方法，如表 3-3 所列。

5. 窗体的主要事件

与窗体有关的事件很多。表 3-4 列出了几个常用的事件。

了解窗体事件触发的时机和次序，是设计和编写事件过程、进行恰当操作的关键,相关内容将在第 7 章详细介绍。

表 3-3 常用的窗体方法和语句

方法/语句	形 式	说 明
Show	[窗体对象].Show	显示窗体对象
Hide	窗体对象.Hide	隐藏窗体对象
Print	[窗体对象].Print [表达式列表]	在窗体上显示一些数据信息
Cls	[窗体对象].Cls	清除窗体上用 Print 显示的数据信息
Move	[窗体对象].Move left [,top[,width[,height]]]	移动窗体的位置,也可以改变其大小
Load 语句	Load 窗体对象	将新建的窗体加载到内存中
Unload 语句	Unload 窗体对象	卸载窗体

表 3-4 常用的窗体事件

事 件	说 明
Click(单击)	单击窗体的空白区域时触发窗体的 Click 事件
DblClick(双击)	双击窗体的空白区域时触发窗体的 DblClick 事件
Initialize(初始化)	在窗体被加载之前,窗体被配置的时候触发
Load(加载)	当窗体被调入内存并显示时触发
Activate(激活)	当窗体变为活动当前窗口时触发
Unload(卸载)	当窗体被关闭而从屏幕上消失时触发
MouseDown	在事件中判断按下的是左键还是右键,做出不同的事件处理

3.3.2 Visual Basic 基本控件

要使界面设计更加完美,熟练使用控件是不可缺少的。在对话框和用户的交互过程中,控件担任着重要的角色。VB 控件很多,下面只介绍最基本、最常用的标签、文本框和命令按钮三个控件对象。

1. 标签(Label)

标签主要用于在窗体上增加文字说明。标签的内容只能用 Caption 属性来设置或修改,不能直接编辑。标签的主要属性、方法和事件如表 3-5 所列。

2. 文本框(TextBox)

文本框主要用于接收用户输入、修改的信息,或显示由程序提供的信息。文本框的主要属性、方法和事件如表 3-6 所列。

注: 一般在 KeyPress 事件、Change 事件、LostFocus 事件的过程中对输入文本框中的内容进行检查、验证和确认。

表 3-5　标签的主要属性、方法和事件

属性/方法/事件	说　明
Name（名称）	设置标签的名称,允许修改
Caption（标题）	设置标签所显示的内容,不允许直接编辑
BackStyle（背景）	设置标签的背景样式,0 透明,1 不透明
BorderStyle（边框样式）	设置标签显示的边框样式,0 无边框,1 单边框
AutoSize（大小自适应）	决定标签是否可以自动改变大小,True 自动调整,False 保持原大小
Alignment（对齐方式）	标签 Caption 的对齐方式,0 左对齐,1 右对齐,2 居中
Font（字体）	设置标签显示内容的字体、大小和颜色等
Height,Width（大小）	设置标签的大小
Top,Left（位置）	设置标签显示的位置
Visible（可视）	设置标签内容可见与否,True 可见,False 不可见
Enabled（可用）	设置标签内容可用与否,True 可用,False 不可用
Refresh 方法	刷新
Move 方法	移动
Click 事件	单击(很少用)
DblClick 事件	双击(很少用)

表 3-6　文本框的主要属性、方法和事件

属性/方法/事件	说　明
Name（名称）	设置文本框的名称,允许修改
Text（文本）	文本框输入、编辑的内容
MaxLength（最大长度）	设置文本框输入或显示的最多字符
MultiLine（多行）	设置文本多行属性,默认 False 单行,True 多行
ScrollBars（滚动条）	设置滚动条,当 MultiLine 为 True 时有效
Lock（读写）	设置文本框内容是否可以被编辑,True 只读不可以编辑,False 可以编辑
Alignment（对齐方式）	文本框的 Text 的对齐方式,0 左对齐,1 右对齐,2 居中
Font（字体）	设置文本框中内容的字体、大小和颜色等
Height,Width（大小）	设置文本框的大小
Top,Left（位置）	设置文本框显示的位置
Visible（可视）	设置文本框可见与否,True 可见,False 不可见
Enabled（可用）	设置文本框可用与否,True 可用,False 不可用

续表 3-6

属性/方法/事件	说　明
PasswordChar(口令)	设置创建口令(密码)文本框
SetFocus 方法	设置指定的文本框成为焦点(闪动的光标)
Refresh 方法	刷新
KeyPress 事件	当按下并且松开键盘上某个按键时触发该事件
Change 事件	当文本框的内容(Text)发生变化时引发本事件
LostFocus 事件	当文本框失去焦点时引发本事件
GotFocus 事件	当文本框得到焦点时引发本事件

3．命令按钮(CommandButton)

命令按钮是在 VB 应用程序中使用最多的控件对象之一，常常被用来启动、中断或结束某个进程，是用户和程序交互的最简单方法。只要用户单击命令按钮，就会触发它的 Click 事件，其功能由事件过程代码来决定。按钮的主要属性、方法和事件如表 3-7 所列。

表 3-7　命令按钮的主要属性、方法和事件

属性/方法/事件	说　明
Name（名称）	设置命令按钮的名称，允许修改
Caption（标题）	设置按钮上显示的文字
Style(样式)	设置按钮样式，0 默认标准，1 图形的(图形、文字均可)
ToolTipText（文字提示）	设置当鼠标在按钮上暂停时显示的提示文本
Default（缺省）	设置决定窗体的缺省命令按钮，True 为缺省确认命令按钮(按回车键)
Cancel（取消）	设置决定窗体的取消命令按钮，True 为缺省取消命令按钮(按<Esc>键)
Height，Width（大小）	设置命令按钮的大小
Top，Left（位置）	设置命令按钮的位置
Visible（可视）	设置命令按钮可见与否，True 可见，False 不可见
Enabled（可用）	设置命令按钮可用与否，True 可用，False 不可用
SetFocus 方法	设置指定的命令按钮成为焦点(表面有一个虚边框)
KeyPress 事件	当按下并且松开键盘上某个按键时触发该事件
LostFocus 事件	当命令按钮失去焦点时引发本事件
GotFocus 事件	当命令按钮得到焦点时引发本事件

3.4 语句组成要素

语句是 Visual Basic 程序中最小的可执行单元,语句基本由常量、特殊符号、关键字和表达式组成。

3.4.1 标识符

在 Visual Basic 中,所有的常量、变量、模块、过程、类、对象及其属性等都有各自的名称,这些名称就是标识符。例如,在一个 Visual Basic 工程中:工程 1 表示一个工程的标识符;Form1 表示一个窗体的标识符;Module1 表示一个模块的标识符;Text1 表示一个文本框的标识符等。

用户自定义标识符的限制:

① 标识符只能由字母、数字和下划线组成,且第一个字符必须为字母。

② 由于每个关键字都有特定的含义,所以不可以使用系统的关键字作为标识符,否则就会产生编译错误。

下面是不合法的标识符:

$$Student.name、If、123d、mm@sina、a+b$$

3.4.2 关键字

关键字又称系统保留字,是 Visual Basic 系统使用的具有特定含义的字符,用户不能用作其他用处。例如:Dim、Sub、End、Integer、Private、Public、Me、MsgBox、For、While 等。

3.4.3 注 释

Visual Basic 程序中可以使用注释,注释内容不参与编译,只是一种对程序解释说明的标注,编译时程序把注释作为空白符跳过而不予处理。可在语句之后用符号"'"对 VB 程序作注释,以增加程序(语句)的可读性。

3.5 数据类型

Visual Basic 的数据类型包括基本数据类型和用户自定义数据类型。不同的数据类型都有各自的取值范围,占用的存储空间也各不相同。正确使用数据类型可以确保程序能够在占用最小存储空间的情况下正确可靠地运行。

3.5.1 基本数据类型

Visual Basic 中的基本数据类型由系统定义,如表 3-8 所列。

表 3-8 基本数据类型

数据类型	类型符	占用空间(字节)	取值范围
Integer（整型）	%	2	-32 768～32 767
Long（长整型）	&	4	-2 147 483 648～2 147 483 647
Single（单精度浮点）	!	4	-3.402 823E38～-1.401 298E-45 1.401 298E-45～3.402 823E38
Double（双精度浮点）	#	8	-1.797 693 134 862 32E308～ -4.940 656 458 412 47E-324 4.940 656 458 412 47E-324～ 1.797 693 134 862 32E308
Currency（货币型）	@	8	-922 337 203 685 477.580 8～ 922 337 203 685 477.580 7
String（字符型）	$	字符串长度	1～65 535 个字符
Byte（字节型）	无	1	0～255
Boolean（逻辑型）	无	2	True 和 False
Date（日期型）	无	8	1/1/100～12/31/9999
Object（对象型）	无	8	任何对象
Variant（变体型）	无	16	任何数值

3.5.2 自定义数据类型

用户在定义数据类型时，可以使用 Visual Basic 中的一个或多个标准数据类型，也可以使用一个或多个用户先前声明的自定义类型来定义新的数据类型。自定义数据类型通过 Type 语句进行定义，其形式如下：

[Private|Public] Type ＜数据类型名＞
　　成员名 1 As　类型
　　成员名 2 As　类型
　　…
End Type

【例 3-1】 定义一个表示学生信息的数据类型。

```
Private Type Student
    S_no As Integer
    S_name As String * 8
    S_sex As Boolean
    S_birth As Date
    S_score As Single
End Type
```

自定义数据类型的使用方法与标准数据类型的使用方法基本相同。

3.6 常量与变量

在程序中,不同类型的数据既可以以常量的形式出现,也可以以变量的形式出现。在 Visual Basic 中常量和变量主要用来实现应用程序中数据的存储和交换。变量主要用于存储临时性数据,而常量中保存的是特定类型的数据。常量在程序运行过程中其值是不发生变化的,而变量的值是可变的,它代表内存中存储数据的指定存储单元。

3.6.1 常　量

Visual Basic 中的常量分为三种:直接常量、符号常量和系统常量。

1. 直接常量

各种数据类型都有其常量表示,如 168 为 Integer 型常量、180.01 为 Single 型常量、"China"为字符串常量、♯09/10/2017♯ 为日期型常量等。

在实际应用中,为了显式地指明常量的类型,可以在常量的后面加上类型符:

168%,表示 Integer 型常量
168&,表示 Long 型常量
180.01!,表示 Single 型常量
180.01♯,表示 Double 型常量

在 Visual Basic 中的整型常量除用十进制(默认)表示外,还用八进制和十六进制表示:八进制常量在数值前加 &O,如 &O666;十六进制常量在数值前加 &H,如 &H888。

2. 符号常量

如果在程序中经常用到某些常量,或者为了便于程序的阅读和修改,则可以由用户定义的符号常量来表示这个常量。

定义符号常量的一般形式如下:

[Private|Public]Const　符号常量名[As　类型]=表达式

说明:Private 用于声明只能在包含该声明的模块中使用符号常量。Public 用于声明工程中的所有过程都可以使用该符号常量。符号常量名,命名规则与变量相同,一般用大写以区别一般变量。

例如:

Const PI = 3.1415926
Const N As Integer = 10 或 Const N% = 10

注:符号常量在程序中只能被引用,不能改变其值。

3. 系统常量

Visual Basic 提供了大量预定义的均以小写 vb 开头的常量,可以在程序中直接使用。例如:程序中经常使用的 vbCrLf(换行)就是一个系统常量。Form1.WindowState＝vbMaximized 与 Form1.WindowState＝2 作用相同,都是将窗口最大化,其中 vbMaximized 就是系统常量,便于程序的阅读。

系统常量可以通过"对象浏览器"进行查看。

3.6.2 变　量

变量用来存放数据,在程序运行过程中其值是可变的。使用变量前,一般先声明变量,使系统为其分配相应的存储单元,并确定该单元存储的数据类型。所有变量都具有名字和类型,在 Visual Basic 中可以用类型说明语句或隐式声明来定义变量。

1. 用类型说明语句显式声明变量

格式:

Dim ＜变量名＞［As　类型］

Dim ＜变量名＞［类型符］

说明:① 变量名,其命名规则参见前面介绍的标识符。用户在定义变量时,尽量使变量名表示一定的含义,最好做到望文生意;较长的变量名中使用下划线,使其具有可读性。② As　类型 或 类型符 定义变量的类型,可以省略,其默认为变体型(Variant)。③ 声明变量的默认初值:数值型为 0,逻辑型为 False,字符型为空。

例如:

① 定义两个整型变量

```
Dim a As Integer , b As Integer      '与 Dim a% , b% 等价
```

② 定义两个双精度类型变量

```
Dim x As Double , y As Double        '与 Dim x# , y# 等价
Dim x , y As Double                  '错误,x 为变体型(Variant),y 为双精度
```

③ 定义字符型变量

```
Dim s1 As String * 30                '声明定长字符型变量,可存放 30 个字符
Dim s2 As String                     '声明不定长字符型变量
```

注:变量的分类及作用域将在第 6 章详细介绍。

2. 隐式声明变量

在 Visual Basic 中,允许变量未声明而直接使用,称为隐式声明。所有隐式声明的变量都是变体型(Variant)。

注:为了调试程序方便,避免在输入已有变量时出错,建议对所有使用的变量都进行显式声明。也可以在模块的所有过程之前,使用 Option Explicit 语句来强制显式声明模块中的所有变量(使用未声明的变量时编译会出现错误)。

3.7 运算符和表达式

VB 与其他程序设计语言一样,也有丰富的运算符,通过运算符和操作数组成各种表达式,实现程序设计中所需要的大量运算操作。丰富的运算符和表达式使程序的编写变得灵活、简单而高效。

3.7.1 运算符

运算符是对数据进行特定运算的符号。VB 中的运算符分为算术运算符、字符串运算符、关系运算符和逻辑运算符四类。下面分别介绍这四种运算符和对应的表达式。

1. 算术运算符

VB 语言提供了 8 种基本的算数运算符,如表 3-9 所列。

表 3-9 VB 基本算数运算符

运算符	含义	优先级	实例	结果
^	乘方	1	2^3	8
-	负号	2	-6	-6
*	乘	3	3*8	24
/	除	3	10/4	2.5
\	整除	4	10\4	2
Mod	取模	5	10 Mod 4	2
+	加	6	10+3	14
-	减	6	10-3	7

应予以强调的是:① 算数运算符两边的操作数应是数值型数据,否则按自动转换的原则转换成数值类型后参与运算,如果转换不成功,将出错。② 取模 Mod 和整除\运算的两个操作数是整型,若不是,则转换成整型后再运算。

算术表达式应符合 VB 语法规则,在表达式求值时,应按运算符的优先级从高到低的次序计算执行。

【**例 3-2**】 写出下列数学表达式对应的 VB 语言表达式。

$$\frac{-b+\sqrt{b^2-4ac}}{2a}$$

对应的 VB 语言表达式为

((-b)+sqr(b*b-4*a*c))/(2*a)

算术表达式的书写应该注意以下几点:

① VB 表达式中的乘号不能省略。例如:数学式 b^2-4ac 相应的 VB 表达式应写成 b*b-4*a*c。

② VB 表达式中只能使用系统允许的标识符。例如:数学式 πr^2 相应的 VB 表达式应写成 3.14159*r*r。

③ VB 表达式中的内容必须书写在同一行,不允许有分子分母形式,必要时要利用小括号保证运算的顺序。例如:VB 表达式应写成 (a+b)/(c+d)。

④ VB 表达式不允许使用方括号和大括号,只能使用小括号来帮助限定运算顺序。可以使用多层小括号,但左右括号必须配对。运算时从内层小括号开始,由内向外依次计算表达式的值。

2. 字符串运算符

VB 语言提供 2 个字符串运算符(连接符):"&"和"+",它们的功能都是将两个字符串连接起来。例如:

```
"Visual Basic " + "程序设计"          '结果为"Visual Basic 程序设计"
"Visual Basic " & "程序设计"          '结果为"Visual Basic 程序设计"
```

说明:"&"不只是运算符,它同时也是长整型的类型符,因而在使用"&"作字符串连接时,字符串变量与"&"之间应加一个空格。

请注意连接符"&"与"+"的区别:

① "&"连接符可以进行任何类型的连接,因为在进行连接操作之前,系统先将操作数转换成字符型,然后再连接。

```
"Visual Basic " & 6.0 & "集成开发环境"   '结果为"Visual Basic 6.0集成开发环境"
123 & 456                              '结果为"123456"
123 & "456"                            '结果为"123456"
"123" & "456"                          '结果为"123456"
```

② "+"连接运算符两边的操作数都应为字符型。若均为数值型,则进行加法运算;若一个为字符型数字,另一个为数值型,则自动转换字符型数字为数值型,然后进行加法运算;若一个为非数字字符型,另一个是数值型,则计算出错。

```
123 & "456"         '结果为 579
"123" + "456"       '结果为"123456"
123 & "ABC"         '出错
```

注:如果连接表达式中含有不同类型的操作数,建议使用"&"连接符进行连接,以增加程序的可读性。

3. 关系运算符

关系运算符(比较运算符)用来对其两端的操作数进行比较,如果关系成立,则关系表达式的值为 True(-1),否则为 False(0)。在 VB 中有 7 种常用的关系运算符,如表 3-10 所列。

表 3-10　VB 关系运算符

运算符	含 义	实 例	结 果
>	大于	"she">"he"	True
>=	大于等于	"a">="A"	True
<	小于	"女"<"男"	False
<=	小于等于	123<=456	True
=	等于	123=456	False
<>	不等于	123<>456	True
Like	字符串匹配	"1234" Like "*34"	True

应予强调的是：

① 如果两个操作数是字符型,则按字符的 ASCII 码值从左到右逐一进行比较。

② 汉字以拼音为序进行比较。

③ 关系运算符的优先级相同。

④ 字符串匹配运算符 Like 经常应用于数据库的 SQL 模糊查询中,其中,"?"表示任何单一字符;"*"表示零个或多个字符;"♯"表示任何一个数字(0～9)。例如:查询 Student 数据表中姓王的所有学生信息的 SQL 命令为

Select * From Student Where 姓名 Like "王*"

4. 逻辑运算符

逻辑运算又称为布尔运算。用逻辑运算符将两个或多个关系表达式连接起来形成逻辑表达式,逻辑表达式的结果也是逻辑值 True 或 False。VB 提供了 6 种逻辑运算符,如表 3-11 所列。

表 3-11　VB 逻辑运算符及运算规则

运算符	含 义	优先级	运算规则	实 例	结 果
Not	非(取反)	1	非真为假,非假为真	Not T Not F	F T
And	与	2	有假为假,全真为真	F And F F And T T And F T And T	F F F T
Or	或	3	有真为真,全假为假	T Or T T Or F F Or T F Or F	T T T F

续表 3-11

运算符	含义	优先级	运算规则	实例	结果
Xor	异或	4	相异为真,相同为假	T Xor F F Xor T T Xor T F Xor F	T T F F
Eqv	同或(等价)	5	相同为真,相异为假	T Eqv T F Eqv T T Eqv F F Eqv T	T T F F
Imp	蕴含(推导)	6	真 Imp 假为假,其余为真	T Imp F T Imp T F Imp T F Imp F	F T T T

3.7.2 表达式

VB 表达式主要分为算数表达式、字符表达式、关系表达式和逻辑表达式。

1. 表达式的组成

表达式由变量、常量、运算符、函数、控件属性、字段名和圆括号按一定的规则组成。使用不同的运算符,生成不同类型的表达式。表达式计算结果的类型由数据和运算符共同决定。

2. 表达式的书写规则

VB 表达式书写不同于数学表达式书写,有其自己的书写规则:

① 表达式没有上下角标,没有上分子下分母的表示形式,只能在一行上书写。

② 表达式中不能出现大括号和中括号,均由小括号代替。

3. 数据类型的转换规则

在算数运算中,如果表达式包含不同类型的操作数,则规定运算结果的数据类型采用精度相对高的数据类型。

Integer ＜ Long ＜ Single ＜ Double ＜ Currency

注:Long 型数据与 Single 型数据进行运算时,结果为 Double 型数据。

4. 运算优先级

当表达式中出现多种不同类型的运算符时,不同类型运算的优先级不同。

算数运算符 ＞ 字符运算符 ＞ 关系运算符 ＞ 逻辑运算符

注:① 在含有多种运算符的表达式中,加圆括号可改变运算优先级或更准确表达问题。② 表达式 $-20<=x<=-10$ 不能代表 x 的取值范围 $-20\leqslant x\leqslant-100$,正确的表示是:$x>=-20$ And $x<=-10$。请同学自己分析原因。

3.8 常用内部函数

为了方便用户进行一些常用的操作或计算,Visual Basic 提供了大量的内部函数(又称标准函数)供用户编程时调用。这些内部函数按功能可以分为:数学函数、字符串函数、转换函数和日期函数等。下面将对一些常用的内部函数作一简单介绍。

注:VB 函数包括内部函数和用户自定义函数两类。内部函数是系统为实现一些特定功能而编写设置的内部程序;自定义函数是用户根据需要自己定义编写的函数(将在第 6 章详细介绍)。

3.8.1 数学函数

VB 数学函数与数学中函数含义基本一致,表 3-12 列出了常用的数学函数。

表 3-12 常用的数学函数

函数名	功能	返回值类型	实例	结果
Abs(x)	求 $\|x\|$	与参数相同	Abs(−168.5)	168.5
Atn(x)	求 x 的反正切值(弧度)	Double	Atn(0)	0
Cos(x)	求 cos x	Double	Cos(0)	1
Exp(x)	求 e^x	Double	Exp(3)	20.085…
Log(x)	求以 e 为底的对数	Double	Log(5)	1.609…
Rnd(x)	产生一个(0,1)区间的随机数	Double	Rnd	一个(0,1)区间的数
Sgn(x)	求 x 的符号,正数返回 1、负数返回 −1、0 返回 0	Integer	Sgn(−180)	−1
Sin(x)	求 sin x	Double	Sin(0)	0
Sqr(x)	求 $\sqrt{x}$	Double	Sqr(2)	1.414…
Tan(x)	求 x 的正切值	Double	Tan(0)	0

说明:① 三角函数的参数 x 均是以弧度为单位的。

② Sqr 函数的参数不能为负数。

③ 随机函数 Rnd 返回一个(0,1)之间的双精度数。产生一个[a,b]之间的随机整数的通用表达式为

Int(Rnd * (b − a + 1) + a)

例如,要产生一个[100,200]之间的一个随机数,表示为

Int(Rnd * (101) + 100)

为了保证每次运行时产生不同序列的随机数,需先执行 Randomize 语句。

3.8.2 字符串函数

为方便对字符型数据的处理,VB 提供了丰富的字符串处理函数。表 3-13 列出了常用的字符串处理函数。

表 3-13 常用的字符串处理函数

函数名	功能	实例	结果
InStr(n,s1,s2)	从 s1 中第 n 个字符开始查找 s2,返回所在位置,未找到为 0	InStr(1,"Visual","ua")	4
Join(a,d)	将数组 a 各元素按分隔符 d 连接成字符串	a=array("王","梦","桐") Join(a,"")	"王梦桐"
Left(s,n)	取出 s 左边 n 个字符	Left("Visual",3)	"Vis"
Len(s)	求字符串 s 的长度	Len("Visual")	6
Ltrim(s)	去掉字符串 s 左边的空格	Ltrim(" Visual")	"Visual"
Mid(s,n1,n2)	取 s 中第 n1 个字符开始、长度为 n2 的子串	Mid("欧阳博学",3,2)	"博学"
Replace(s,s1,s2)	在字符串 s 中用 s2 替代 s1	Replace("王梦桐","王","李")	"李梦桐"
Right(s,n)	取出 s 右边 n 个字符	Right("王梦桐",2)	"梦桐",
Rtrim(s)	去掉字符串 s 右边的空格	Rtrim(" Visual ")	" Visual"
Space(n)	产生 n 个空格的字符串	Space(3)	" "
Split(s,d)	将字符串 s 按分隔符 d 分隔成字符数组。与 Join 作用相反	a=Split("王 梦 桐"," ")	a(0)="王" a(1)="梦" a(2)="桐"
String(n,s)	返回由 s 中首字符组成的 n 个相同字符的字符串	String(3,"Visual")	"VVV"
Trim(s)	去掉字符串 s 两边的空格	Trim(" Visual ")	"Visual"

3.8.3 转换函数

VB 中常用的转换函数如表 3-14 所列。

表 3-14 常用的转换函数

函数名	功能	实例	结果
Asc(c)	字符转换成 ASCII 值	Asc("B")	66
Char(n)	ASCII 值转换成字符	Char(66)	"B"
Fix(n)	取整	Fix(-6.8)	-6

续表 3-14

函数名	功 能	实 例	结 果
Hex(n)	十进制数转换成十六进制数	Hex(100)	64
Int(n)	取小于或等于 n 的最大整数	Int(−6.5) Int(6.5)	−7 6
LCase(c)	大写字母转换成小写字母	LCase("VISUAL")	"visual"
Oct(n)	十进制数转换成八进制数	Oct(100)	144
Round(n)	四舍五入取整	Round(167.8)	168
Str(n)	数值转换为字符串	Str(123.45)	"123.45"
UCase(c)	小写字母转换成大写字母	UCase("visual")	"VISUAL"
Val(c)	数字字符串转换为数值	VAL("168AB180")	168

说明：① 区分 Fix、Int、Round 在取整时的区别。

② Val 函数的转换在遇到第一个非数字字符时停止。如果字符串第一个字符不是数字，则转换后为 0。

3.8.4 日期和时间函数

VB 中常用的日期函数如表 3-15 所列。

表 3-15 常用的日期函数

函数名	功 能	实 例	结 果
Date	返回系统日期	Asc("B")	66
Day(c/d)	返回一个月中的某日	Day("2013-02-09")	9
Month(c/d)	返回一年中的某个月	Month("2013-02-09")	2
Now	返回系统日期和时间	Now	2013-02-28 10:15:20
Time	返回系统时间	Time	10:15:20
Year(c/d)	返回年份	Year("2013-02-09")	2013

说明：日期函数中的"c/d"可以是字符串或日期表达式。

3.8.5 格式化函数

格式化函数即 Format 函数。使用 Format 函数使数值、日期或字符串按指定的格式输出，其形式如下：

Format(表达式，"格式字符串")

说明：① 表达式，要格式化的数值、日期和字符串表达式。

② 格式字符串，输出表达式的格式（数值格式、日期格式和字符串格式），需用双引号括起。格式字符串由格式符构成，如表3-16所列。

③ 本函数返回一个字符串类型的数据。

表3-16 常用数值格式符和字符串格式符

格式符	作 用	实 例	结 果
0	实际数值位数小于符号位数时，数字前后加0	Format(123.45,"0000.000") Format(123.45,"00.0")	"0123.450" "123.5"
#	实际数值位数小于符号位数时，数字前后不加0	Format(123.45,"####.###") Format(123.45,"##.#")	"123.45" "123.5"
.	加小数点	Format(123,"0000.00")	"0123.00"
,	千分位	Format(1234.567,"0,000.00")	"1,234.57"
%	数值乘100，结尾加%	Format(0.3678,"###.##%")	"36.78%"
$	在数字前加$	Format(123.45,"$####.#")	"$123.5"
E+	用指数表示	Format(12345,"0.0000e+00")	"1.23450e04"
<	以小写显示	Format("ABC","<")	"abc"
>	以大写显示	Format("abc",">")	"ABC"
@	实际字符位数小于符号位时，字符前加空格	Format("abc","@@@@@")	" abc"
&	实际字符位数小于符号位时，字符前不加空格	Format("abc","&&&&&")	"abc"

3.8.6 Shell 函数

在VB中，可以通过Shell函数调用在DOS下或Windows系统下运行的应用程序，其形式如下：

Shell(＜应用程序名＞[,＜窗口类型＞])

说明：① 应用程序名，要执行的程序名(.com 或.exe)，包括其路径。

② 窗口类型，表示执行应用程序的窗口样式，取值范围为1～4、6。

【例3-3】 程序运行时，依次启动 Windows 的计算器、记事本，然后进入 VB6.0 环境。代码如下：

```
Id1 = Shell("c:\Windows \ System2 \ calc.exe",2)
Id2 = Shell("c:\Windows \ System2 \ notepad.exe",2)
Id3 = Shell("c:\Program Files \ Microsoft Visual Studio \ VB98 \ VB6.EXE",1)
```

说明：其中1代表最大化活动窗口；2代表最小化活动窗口（缺省）。

3.9 代码编写规则

任何编程语言都有其语法形式和编码规则。代码编写规则的制定是为了使编程人员养成良好的编码习惯,提高代码的编写质量和代码整体的美观度。

VB 代码编写规则如下:

① 程序中不区分字母的大小写。

② 一行写多条语句,中间用":"分隔,一行最多允许输入 255 个字符。

③ 可用续行符"_"将一行长语句分多行书写。但同一行内,续行符后面不能加注释。

④ 增加注释,有利于程序的阅读、调试和维护。使用"'"符号或"Rem"关键字为语句添加注释。

本章小结

窗体和控件对象是 VB 图形界面的重要组成部分;数据类型、常量、变量、内部函数、表达式是代码设计编写的基础;良好的编程风格和习惯可以提高程序设计、代码编写的质量,方便程序的调试和维护。

了解和掌握 VB 程序设计语言的基础知识,是开发功能强大的 VB 应用程序的前提。

习题 3

1. 举例说明现实世界中的对象、属性、方法和事件。
2. 简述 VB 中的对象、属性、方法和事件。
3. 简述 VB 中的标签、文本框、命令按钮三个控件的作用。
4. VB 中,未定义变量是什么类型?如果程序中要求变量必须先定义后使用,如何做?
5. 举例说明非法的变量名。
6. 在 Dim x,y,z As Integer 语句中定义的三个变量都是整型吗?
7. 把下列数学式写成 VB 语言表达式。

(A) $\dfrac{5(F-32)}{9}$;(B) $2\pi r+\pi r^2$;(C) $\dfrac{2\sqrt{x}}{3\sin(x)}+\dfrac{1}{3}(a+b)^2$;(D) $5.34e^x$

8. 根据下面的条件写出相应的 VB 表达式:

(1) 随机产生一个 30~80(包括 30 和 80)范围内的正整数。

(2) 随机产生一个"D"~"N"范围内的大写字符。

(3) 表示 −10＜x＜−5。

(4) x 能被 3 或 5 整除。

(5) a、b、c 三个数据构成三角形。

(6) 将变量 x 的值四舍五入保留 2 位小数。

(7) 一个点坐标(x,y)位于第 2 或第 4 象限。

(8) 表示变量 x 是字母字符。

(9) 一个点坐标(x,y)位于半径为 2 和 4 的同心圆环内。

9. Len("Visual")与 Len("VB 程序设计")的值相等否?

10. 举例说明字符串连接符"＋"与"&"的区别。

11. 取子字符串的函数都有哪些? 有何区别?

12. 如何判断一个字符串是否是数字字符串?

第4章 程序控制结构

学习导读

案例导入

"高校奖学金综合测评管理系统"实现的部分功能包括:计算每名学生的平均成绩或绩点、计算所有学生的总平均成绩、统计各个分数段人数等。系统计算统计所涉及的重复判断运算,应用计算机程序设计的3种基本结构能很好地解决这类问题。

知识要点

根据算法编写程序,程序的基本控制结构是结构化程序设计的基础。本章将简要介绍辅助控制语句,详细介绍程序设计的3种控制结构:顺序结构、选择结构和循环结构。

学习目标

- 熟练掌握顺序结构程序设计方法中的输入/输出语句的使用;
- 熟练掌握选择结构几种形式语句的使用方法;
- 熟练掌握循环结构几种形式语句的使用方法;
- 熟练掌握循环结构嵌套的使用方法;
- 掌握辅助控制语句的使用方法。

4.1 结构化程序设计

4.1.1 程序的3种基本结构

在程序设计中,构成算法的基本结构有3种:顺序结构、选择结构和循环结构。合理采用结构化程序设计方法,可使程序结构清晰、易读性强,提高程序设计的质量和效率。

1. 顺序结构

顺序结构是最简单也是最基本的程序结构,其按语句书写的先后顺序依次执行。顺序结构中的每一条语句都被执行一次,而且仅被执行一次。其传统流程图表示与N-S机构化流程图表示如图4-1所示。

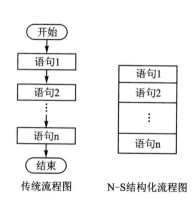

图4-1 顺序结构流程图

2. 选择结构

首先判断给定的条件,根据判断的结果决定执行哪个分支的语句。双分支和单分支选择结构的传统流程图表示与 N-S 结构化流程图表示如图 4-2 和图 4-3 所示。

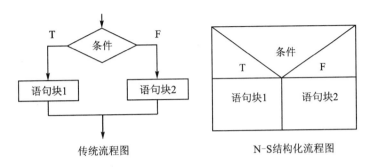

图 4-2 双分支选择结构流程图

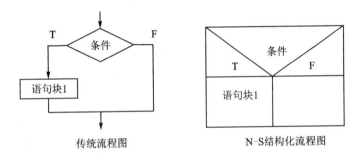

图 4-3 单分支选择结构流程图

3. 循环结构

按照需要多次重复执行一条或多条语句。循环结构分为:当型循环和直到型循环。

① 当型循环。先判断后执行,即当条件为 True 时反复执行循环体(一条或多条语句);条件为 False 时,跳出循环结构,继续执行循环后面的语句。流程图如图 4-4 所示。

② 直到型循环。先执行后判断,即先执行循环体(一条或多条语句),再进行条件判断,直到条件为 False 时,跳出循环结构,继续执行循环后面的语句,流程图如图 4-5 所示。

【例 4-1】 用传统流程图描述下面问题的算法实现:① 输入两个数,并赋给两个变量,然后交换两个变量的值并输出。② 输入两个数,比较后输出最大值。③ 输入 N 个数,计算累加和并输出。算法描述如图 4-6、图 4-7 和图 4-8 所示。

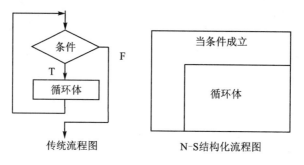

图 4-4 当型循环流程图

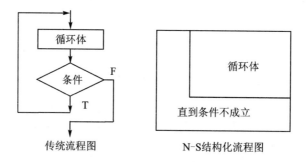

图 4-5 直到型循环流程图

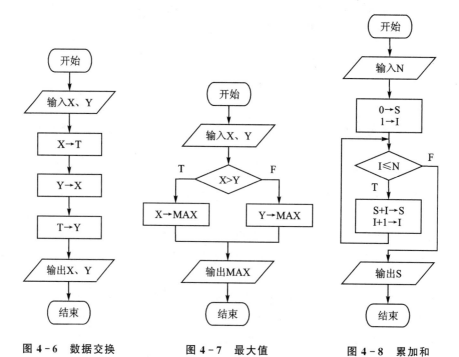

图 4-6 数据交换　　　图 4-7 最大值　　　图 4-8 累加和

4.1.2 结构化程序设计方法的原则

结构化程序设计方法的主要原则可概括为:自顶向下、逐步求精、模块化。

① 自顶向下:程序设计时,先考虑主体,后考虑细节;先考虑全局目标,后考虑具体问题。

② 逐步求精:将复杂问题细化,细分为小问题依次求解。

③ 模块化:将程序要解决的总目标分解为若干个目标,再进一步分解为具体的小目标,每个小目标称为一个模块。

注:结构化程序设计方法应限制使用 goto 语句,因为 goto 语句随意转向目标,使程序流程无规律,可读性差,但需要退出多层循环时用 goto 语句非常方便。

4.2 数据的输入和输出

在程序设计中,顺序结构的语句主要包括赋值语句、输入/输出语句等。VB 程序设计的输入/输出可以通过标签控件、文本控件、InputBox 函数、MsgBox 函数以及 Print 方法来实现。

4.2.1 赋值语句

赋值语句是将表达式的值赋给变量或对象的属性,赋值运算符是"="。
语句形式如下:

＜变量名＞＝＜表达式＞

说明:① 变量名,变量或对象属性的名称。② 表达式,任何类型的表达式。

【例 4-2】 解释并判断赋值语句是否正确。

正确的赋值:

```
a = 15                                  '将整数 15 赋给变量 a
b% = a * 5 + 10                         '将表达式的值 85 赋给整型变量 b
Form1.Caption = "系统登录"              '设置窗体 Form1 的标题内容
Label1.BackColor = RGB(255,0,0)         '改变标签 Label1 的背景颜色
Text1.Text = "梦桐"                     '在文本框 Text1 中显示名字
Name = Text1.Text                       '将文本框的 Text 文本属性值赋给变量 Name
n% = 6.8                                '强制类型转换,将 7 赋给整型变量 n
x% = "168"                              '类型转换,将数值型 168 赋给整型变量 x
x = 8 : y = 8 : z = 8                   '将同一个值 8 赋给不同的变量 x,y 和 z
m% = True : n% = False                  '自动转换,m 的值为 -1,n 的值为 0
Dim d as Boolean,e as Boolean           'd 和 e 两个变量的值为默认值 False
d = 168 : e = 0                         'd 的值为 True,e 的值为 False
str $ = True                            'str 的值为"True"
str $ = 168.9                           'str 的值为"168.9"
str $ = #3/9/2013#                      'str 的值为"2013-3-9"
Dim w as Boolean : u% = 8 : w = 6>u     'w 的值为 False
```

错误的赋值：

```
10 = abs(a) + b                '= 左边是常量
a + b = 100                    '= 左边是表达式
vbBlack = Color                '= 左边是常量设置窗体 Form1 的标题内容
x% = "180 电信"                '表达式中有非数字字符
y% = ""                        '表达式中有空字符串
Dim x%, y%, z% (正确)          'x、y 和 z 三个变量的值为默认值 0
x = y = z = 8                  '不能实现将 8 赋给 x、y 和 z, 它们均为 0
```

【例 4-3】 编写程序，解决程序设计中经常涉及的两个变量交换值的问题。

```
Private Sub Form1_Click()
    Dim x%, y%, t%
    x = 2016
    y = 2017
    Print "交换前:x = " & x & ", y = " y
    t = x
    x = y
    y = t
    Print "交换后:x = " & x & ", y = " y
End Sub
```

运行结果：

交换前:x = 2016, y = 2017
交换后:x = 2017, y = 2016

分析： ① 这是编程语言中两变量值交换的典型算法，其过程必须引入新的中间变量 t。② 顺序结构程序的执行从第 1 条语句开始，由上到下按顺序逐条执行。

思考： ① t=x：x=y：y=t 三条语句是否可以用 x=y：y=x 两条语句替换。② x=x＋y：y=x－y：x=x－y 三条语句组合有何作用。

【例 4-4】 已知直角三角形的两条直角边长分别为 3 和 4，计算斜边之长。

```
Private Sub Form1_Click()
    Dim x?!, y?!, z?!
    x = 3
    y = 4
    z = Sqr(x * x + y * y)
    Print "直角三角形斜边长为:" & z
End Sub
```

【例 4-5】 分析程序，并运行输出结果。

```
Private Sub Form1_Click()
    Dim x as Double
    x = 123.4567
    x = x * 100 + 0.5      'x = 12346.17,扩大百倍再加 0.5 判断第 3 位小数是否进位
    x = Fix(x)             'x = 12346,取整舍去第 3 位小数及后面的小数
    x = x / 100            'x = 123.46,缩小百倍保留两位小数
```

```
    Print "x = " & x
End Sub
```

运行结果：

x = 123.46

分析：① 本程序功能是对 123.4567 的第 3 位小数四舍五入后保留两位小数。
② 主要语句功能参见程序中相应语句注释。

【**例 4-6**】 某高校学习绩点计算：

单科绩点＝(成绩－50)＊0.2

考查课绩点为 8/优、6/良、4/中、2/及格、0/不及格

平均绩点 ＝ $\sum$(单科绩点 ＊ 单科学分)/$\sum$单科学分

信管专业姜莹同学第二学期的成绩:高数(4 学分)95、VB(4 学分)99、英语(3 学分)90、体育(2 学分)优、音乐欣赏(2 学分)良。

编写程序,计算并输出姜莹同学的成绩和平均绩点,如图 4-9 所示。

```
Private Sub Command_Click()
    Dim gs_s%, vb_s%, yy_s%, gs_gp!, vb_gp!, yy_gp!, ty_gp!, yyxs_gp!, pj_gp!
    gs_s = 95: vb_s = 99: yy_s = 90
    ty_s = "优"
    yyxs_s = "良"
    gs_gp = (gs_s - 50) * 0.2
    vb_gp = (vb_s - 50) * 0.2
    yy_gp = (yy_s - 50) * 0.2
    ty_gp = 8
    yyxs_gp = 6
    pj_gp! = (gs_gp * 4 + vb_gp * 4 + yy_gp * 3
            + 8 * 2 + 6 * 2)/(4 + 4 + 3 + 2 + 2)
    Print
    Print " 姜莹同学的成绩和绩点:"
    Print
    Print " 考试课:高数/" & gs_s & " , VB/" & vb_s & " , 英语/" & yy_s
    Print
    Print " 考查课:体育/" & ty_s & " , 音乐/" & yyxs_s
    Print
    Print " 平均绩点:" & pj_gp
End Sub
```

图 4-9 运行界面

4.2.2 数据的输入

在程序设计时,通常使用文本框(TextBox 控件)或 InputBox 函数来输入数据。

1. 文本框

利用文本框(TextBox 控件)的 Text 属性可以获得用户从键盘输入的数据。

【**例 4-7**】 设计如图 4-10 所示的成绩计算程序。在文本框控件输入两门课的

成绩,然后通过文本框控件和标签控件分别显示总分和平均分。

各控件事件过程如下：

```
Private Sub Command1_Click()
    Dim pjf!
    gs = Val(Text1.Text)
    yy = Val(Text2.Text)
    zf = gs + yy
    pjf = zf / 2
    Text3.Text = zf
    Label5.Caption = pjf
End Sub
Private Sub Command2_Click()
    Text1.Text = ""
    Text2.Text = ""
    Text3.Text = ""
    Label5.Caption = ""
    Text1.SetFocus
End Sub
Private Sub Command3_Click()
    End
End Sub
```

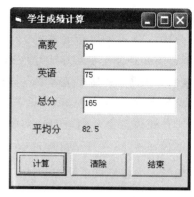

图 4-10 运行界面

提示：在程序设计时,文本框也是数据输出的常用控件对象。

思考：① gs=Val(Text1.Text) 和 yy=Val(Text2.Text)是否可以用 gs=Text1.Text 和 yy=Text2.Text 替换。② 如何简化程序的书写？

【**例 4-8**】 设计如图 4-11 所示的学生绩点计算程序。在文本框输入学生基本信息、考试课和考查课的成绩,计算输出平均成绩和平均绩点。

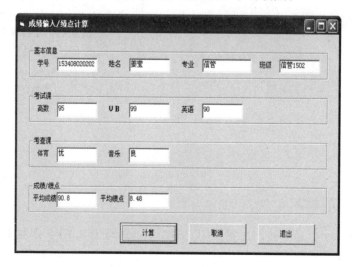

图 4-11 运行界面

各控件事件过程如下:

```
Private Sub Command1_Click()
    Dim gs_s%, vb_s%, yy_s%, gs_gp!, vb_gp!, yy_gp!, ty_gp!, yyxs_gp!, pj_gp!
    gs_s = Text5: vb_s = Text6: yy_s = Text7
    ty_s = Text8: yyxs_s = Text9
    gs_gp = (gs_s – 50) * 0.2
    vb_gp = (vb_s – 50) * 0.2
    yy_gp = (yy_s – 50) * 0.2
    ty_gp = 8: yyxs_gp = 6
    xf_t = 4 + 4 + 4 + 2 + 2
    pj_gp! = (gs_gp * 4 + vb_gp * 4 + yy_gp * 3 + ty_gp * 2 + yyxs_gp * 2)/xf_t
    pj_s! = (gs_s + vb_s + yy_s + 90 + 80)/5
    Text10 = pj_s
    Text11 = pj_gp
End Sub
Private Sub Command2_Click()
    Text5.Text = ""
    Text6.Text = ""
    Text7.Text = ""
    Text8.Text = ""
    Text9.Text = ""
    Text10.Text = ""
    Text11.Text = ""
    Text5.SetFocus
End Sub
Private Sub Command3_Click()
    End
End Sub
```

2. 输入对话框 InputBox 函数

InputBox 函数提供了一个简单的对话框供用户输入信息。

函数形式如下:

InputBox(提示[,标题][,默认值][,x坐标位置][,y坐标位置])

说明: ① 提示,字符串,指定出现在对话框中的提示信息。② 标题,字符串,指定对话框标题的内容;如省略,则将应用程序名作为标题。③ 默认值,指定在弹出对话框时最初显示在输入框中的内容。④ x坐标位置、y坐标位置,整型参数,(x,y)坐标确定对话框左上角在屏幕上的位置,屏幕左上角为坐标原点,单位为 twip。

注: ① 参数次序不能变,提示信息不能省略,其他中间缺省用逗号占位符跳过。② 由 InputBox 函数返回的值为字符型数据,如需要返回数值型数据,可用 Val 函数进行类型转换。

【例 4 – 9】 用 InputBox 函数实现[例 4 – 7]学生成绩的输入,如图 4 – 12~图 4 – 15 所示。

图 4-12 运行初始界面

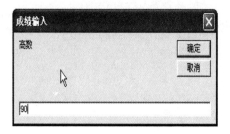

图 4-13 高数成绩输入界面

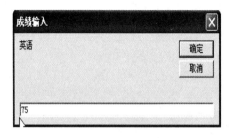

图 4-14 英语成绩输入界面

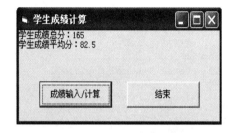

图 4-15 成绩计算输出界面

各控件事件过程如下：

```
Private Sub Command1_Click()
    Dim gs%,yy%,zf%,pjf!
    gs = InputBox("高数","成绩输入",60)
    yy = InputBox("英语","成绩输入",60)
    zf = gs + yy
    pjf = zf / 2
    Print "学生成绩总分:" & zf
    Print "学生成绩平均分:" & pjf
End Sub
Private Sub Command2_Click()
    End
End Sub
```

4.2.3 数据的输出

在程序设计时，通常使用标签(Label 控件)、文本框(TextBox 控件)、MsgBox 函数和 Print 方法来输出数据。通过标签和文本框输出数据前面已涉及，下面主要介绍 MsgBox 函数和 Print 方法。

1. 消息对话框 MsgBox 函数

MsgBox 函数提供了一个简单的对话框显示消息。

① 函数形式如下：

变量[%]=MsgBox(提示[,按钮][,标题])

作用：返回用户所选按钮的整数值，决定程序执行的流程。

② 过程形式如下：

MsgBox 提示[,按钮][,标题]

作用：没有返回值，调用时不能有括号，作为一句独立的语句，常用于信息提示，不改变程序的流程。

说明：① 提示，与 InputBox 函数中对应参数相同。② 标题，与 InputBox 函数中对应参数相同。③ 按钮，整型参数，指定消息对话框中按钮的数目及形式、图标样式、默认按钮等，其取值如表 4-1 所列。④ 变量，MsgBox 函数的返回值是一个整数，可用内部常数或返回值表示，表示关闭对话框前哪一个按钮被单击，具体意义如表 4-2 所列。

表 4-1 "按钮"设置

分类	符号常量	值	意义
按钮类型	vbOkOnle	0	只显示"确定"按钮
	vbOkCancel	1	显示"确定"及"取消"按钮
	vbAbortRetryIgnore	2	显示"终止""重试"及"忽略"按钮
	vbYesNoCancel	3	显示"是""否"及"取消"按钮
	vbYesNo	4	显示"是"及"否"按钮
	vbRetryCancel	5	显示"重试"及"取消"按钮
图标样式	vbCritical	16	显示严重错误图标，并伴有声音
	vbQuestion	32	显示询问图标，并伴有声音
	vbExclamation	48	显示警告图标，并伴有声音
	vbInformation	64	显示消息图标，并伴有声音
默认按钮	vbDefaultButton1	0	第一个按钮是默认值
	vbDefaultButton1	256	第二个按钮是默认值
	vbDefaultButton1	512	第三个按钮是默认值
	vbDefaultButton1	768	第四个按钮是默认值
强制返回	vbSystemModel	4096	全部应用程序都被挂起，直到对消息框做出响应才继续工作

提示：MsgBox 消息对话框中的按钮参数由表 4-1 中的四类数值组成(主要前 3 类数值)。不同的组合会得到不同的结果。

下面是 MsgBox 消息对话框的简单应用。

① 64=0+64+0，图 4-16 消息框代码如下：

MsgBox "添加成功", 64, "成绩输入"
MsgBox "添加成功", 0 + 64 + 0, "成绩输入"

MsgBox "添加成功", 0 + vbInformation, "成绩输入"
MsgBox "添加成功", vbOKOnly + vbInformation, "成绩输入"

表 4-2 MsgBox 函数返回值

符号常量	返回值	意 义
vbOk	1	"确定"按钮被单击
vbCancel	2	"取消"按钮被单击
vbAbort	3	"终止"按钮被单击
vbRetry	4	"重试"按钮被单击
vbIgnore	5	"忽略"按钮被单击
vbYes	6	"是"按钮被单击
vbNo	7	"否"按钮被单击

② 48＝0＋48＋0,图 4-17 消息框代码如下：

MsgBox "成绩不应超过100", 0 + 48 + 0, "警告"

③ 36＝4＋32＋0,图 4-18 消息框代码如下：

Yn = MsgBox ("继续否?", 36, "成绩输入")

④ 50＝2＋48＋0,图 4-19 消息框代码如下：

Ari = MsgBox("注意:请输入数值型数据", 50, "错误提示")

图 4-16 MsgBox 消息框 a

图 4-17 MsgBox 消息框 b

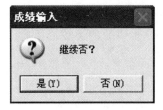

图 4-18 MsgBox 消息框 c

图 4-19 MsgBox 消息框 d

【例 4-10】 用消息框 MsgBox 实现[例 4-9]学生成绩总分和平均分的输出,如图 4-20 所示。

控件事件过程修改如下:

```
Private Sub Command1_Click()
    Dim pjf!
    gs = Val(InputBox("高数", "成绩输入", 60))
    yy = Val(InputBox("英语", "成绩输入", 60))
    zf = gs + yy
    pjf = zf / 2
    MsgBox "学生成绩总分:" & zf & vbCrLf & "学生成绩
    平均分:" & pjf, , "计算"
End Sub
```

图 4-20 MsgBox 消息框

注:当需要字符串分行显示时,可以用 Chr＄(13) 或系统常量 vbCrLf 强制换行。

2. Print 方法

Print 是输出数据、文本的重要方法。形式如下:

[对象.]Print[定位函数][输出表达式列表][分隔符]

作用:在对象上输出信息。

说明:① 对象,窗体、立即窗口、图片框或打印机;若省略对象,则在当前窗体上输出。② 定位函数,Tab(n)用于将输出表达式从对象第 n 列开始输出;Spc(n)用于在输出表达式前插入 n 个空格;分隔符(逗号、分号和空格)用于输出多个表达式时的分隔。表达式之间用分号或空格分隔,按紧凑格式输出;若为逗号,则把输出行分成若干个区段(14 个字符宽),每个区段输出一个表达式的值。

注:如果 Print 后面没有内容,则输出空行;输出列表最后没有分隔符,表示输出后换行;可用在输出列表最后加上逗号或分号的方法使多个 Print 方法输出结果在同一行上显示。

下面是 Print 方法的简单应用。

① 省略对象名称,直接把字符串输出到当前窗体。

Print "越努力,越幸运!"

② 将字符串在图片框 Picture1 上显示出来。

Picture1.Print "越努力,越幸运!"

③ 在立即窗口中输出字符串。

Debug.Print "越努力,越幸运!"

④ 将字符串输出至打印机(Printer)。

Printer.Print "越努力,越幸运!"

【例 4-11】 用 Print 方法在窗体中输出学生的 VB 成绩,如图 4-21 所示。
控件事件过程如下:

```
Private Sub Form_Click()
    Print
    Font.Size = 14
    Font.Name = "楷体_GB2312"
    Print Tab(8); Year(Date) & "年信管专业学生 VB 成绩"
    CurrentY = 700
    Font.Size = 9
    Font.Name = "宋体"
    Print Tab(12);"学号";Tab(35);"姓名";Tab(55);"成绩"
    Print Tab(9); String(55, "-")
    Print Tab(10); "153408020202";Tab(35); "姜莹";Tab(56); "99"
    Print Tab(10); "153408020114";Tab(35); "王焜";Tab(56); "98"
    Print Tab(10); "153408020113";Tab(35); "梦桐";Tab(56); "95"
    Print Tab(10); "153408020220";Tab(35); "欧阳";Tab(56); "90"
End Sub
```

图 4-21 Print 在窗体中输出数据

顺序结构是结构化程序设计三种基本结构之一,必须熟练掌握基本语句的应用。

4.3 选择结构

选择结构是结构化程序设计三种基本结构之一。在 VB 中,If 语句和 Select Case 语句主要用于解决选择分支结构问题,对所给条件进行判断,控制程序的流程。

4.3.1 If 语句的几种形式

VB 语言的 If 语句有 3 种形式:单分支语句、双分支语句和多分支语句。

1. 单分支 If…Then 语句

① 单行形式如下:

If <条件表达式> Then <语句>

② 块形式如下:

If <条件表达式> Then

＜语句块＞
　End If

说明：① ＜条件表达式＞是任意合法的有逻辑值的表达式，其返回结果是 True 或 False。② ＜语句＞是一条或多条语句，如果为多条语句，语句间用冒号分隔，并且写在一行上。③ ＜语句块＞是一条或多条语句。

　　单分支 If…Then 语句的执行过程：计算条件表达式，当表达式为真(True)时，执行 Then 后面的语句(或语句块)，否则绕过该语句(语句块)，而执行其后面的语句。

　　下面是单分支 If…Then 语句的简单应用。

① If x＞y Then Print "x＞y"

或

If x＞y Then
　　Print "x＞y"
End If

② If Text1.Text = "OK" Then MsgBox "系统登录成功！"

或

If Text1.Text = "OK" Then
　　MsgBox "系统登录成功！"
End If

③ If x＞y Then t = x : x = y : y = t

或

If x＞y Then
　　t = x
　　x = y
　　y = t
End If

或

If x＞y Then
　　t = x : x = y : y = t
End If

【例 4－12】 已知 x 和 y 两个数，比较其大小，使得 x 大于 y。

```
Private Sub Form_Click()
    Dim x% , y% , t%
    x = Val(InputBox("x:", "数据输入"))
    y = Val(InputBox("y:", "数据输入"))
    If x ＜ y Then t = x: x = y: y = t
    Print "x:" & x
    Print "y:" & y
```

End Sub

分析：如果 x 小于 y，则执行 Then 后面的语句 t＝x：x＝y：y＝t 进行 x 和 y 调换。

思考：Dim x％，y％，t％ 是否可以省略？x 和 y 输入是否可以省略 Val 转换函数？

【**例 4－13**】 键盘输入 3 个学生的成绩，比较后输出其中的最高成绩。

```
Private Sub Form_Click()
    Dim x%, y%, z%, max%
    x = InputBox("第 1 个学生成绩:","数据输入")
    y = InputBox("第 2 个学生成绩:","数据输入")
    z = InputBox("第 3 个学生成绩:","数据输入")
    max = x                    '假定第 1 个学生成绩作为最大值
    If max < y Then max = y
    If max < z Then max = z
    Print "x = " & x, "y = " & y, "z = " & z
    Print
    Print "三个学生成绩中的最高成绩为:" & max
End Sub
```

思考：如果比较输出 100 个学生的最高成绩，如何编写程序？试分析算法的实现。

2. 双分支 If…Then…Else 语句

在双分支 If…Then…Else 语句中，有两组语句块，根据条件判断只能执行其中的一组，其执行流程如图 4－22 所示。

If…Then…Else 语句也分为单行形式和块形式。

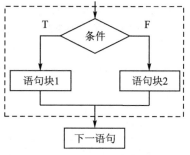

图 4－22 双分支 If…Then…Else
语句执行流程

① 单行形式如下：

If ＜条件表达式＞ Then ＜语句块 1＞ Else ＜语句块 2＞

② 块形式如下：

If ＜条件表达式＞ Then
    ＜语句块 1＞
Else
    ＜语句块 2＞
End If

说明：① ＜条件表达式＞是任意合法的有逻辑值的表达式，其返回结果是 True 或 False。② ＜语句块＞是一条或多条语句。③ 块形式的双分支选择结构的 End If 不能省略，它是结构的结束标志，如果省略会出现编译错误。

双分支 If…Then…Else 语句的执行过程：计算条件表达式，当表达式为真（True）时，执行 Then 后面的语句块 1；否则执行 Else 后面的语句块 2，最后都执行结构后面的语句。其流程如图 4-22 所示。

下面是双分支 If…Then…Else 语句的简单应用。

① If x>y Then Print "x>y" Else Print "y>x"

或

```
If x>y Then
    Print "x>y"
Else
    Print "y>x"
End If
```

② If Text1.Text = "OK" Then MsgBox "登录成功!" Else MsgBox "登录失败!"

或

```
If Text1.Text = "OK" Then
    MsgBox "登录成功!"
Else
    MsgBox "登录失败!"
End If
```

③ If IsNumeric(Text1) Then MsgBox"输入是数字!" Else MsgBox"输入不是数字!"

或

```
If IsNumeric(Text1) Then
    MsgBox "输入是数字!"
Else
    MsgBox "输入不是数字!"
End If
```

【例 4-14】 键盘输入一名学生的高数成绩,如果大于等于 60,输出及格,否则输出不及格。

```
Private Sub Command1_Click()
    If Text2 >= 60 Then
        MsgBox Text1 & ":高数成绩及格!",,"提示"
    Else
        MsgBox Text1 & ":高数成绩不及格!",,"提示"
    End If
End Sub
```

在 Text1 文本框输入:梦桐,在 Text2 文本框输入:85,输出结果如图 4-23 所示。

思考:如果成绩分为优、良、中、及格和不及格,如何修改程序?

图 4-23 成绩判断输出

【例 4-15】 输入一个字母,将大写字母转换为小写字母,小写字母转换为大写字母。

基本思路：在 ASCII 码表中，大写字母＋32 转换为相应小写字母；小写字母－32 转换为相应大写字母。

```
Private Sub Command1_Click()
    Dim ch As String * 1
    If Text1 >= "A" And Text1 <= "Z" Then
        ch = Chr(Asc(Text1) + 32)
        MsgBox ch & ":是被转换的小写字母!",, "提示"
    Else
        ch = Chr(Asc(Text1) - 32)
        MsgBox ch & ":是被转换的大写字母!",, "提示"
    End If
End Sub
```

字母转换也可以直接通过系统提供的转换函数 LCase（转换为小写字母）或 UCase（转换为大写字母）来实现。

```
Private Sub Command1_Click()
    If Text1 >= "A" And Text1 <= "Z" Then
        MsgBox LCase(Text1) & ":是被转换的小写字母!",, "提示"
    Else
        MsgBox UCase(Text1) & ":是被转换的大写字母!",, "提示"
    End If
End Sub
```

思考：如何将一个字符串中的小写字母转换为大写字母，大写字母转换为小写字母？

3．多分支 If…Then…ElseIf 语句

在实际应用中，经常要进行多条件逻辑判断，依据不同的条件判断去处理不同的问题，VB 提供了相应的多分支 If…Then…ElseIf 语句用以解决此类问题。

多分支 If…Then…ElseIf 语句形式如下：

```
If ＜表达式 1＞ Then
    ＜语句块 1＞
ElseIf ＜表达式 2＞ Then
    ＜语句块 2＞
    …
ElseIf ＜表达式 n＞ Then
    ＜语句块 n＞
[Else
    ＜语句块 n+1＞]
End If
```

说明：① 不管有几个分支，程序执行一个分支后，其余分支不再执行。② 当多分支中有多个表达式同时满足，则只执行第一个与之匹配的语句。③ Else ＜语句块

n+1>可以没有,否则,只有所有表达式都不满足时执行。

多分支 If…Then…ElseIf 语句的执行过程:计算表达式 1,如果为真时,执行语句块 1;否则计算表达式 2,如果为真时,执行语句块 2;……否则计算表达式 n,如果为真时,执行语句块 n;否则执行语句块 n+1。流程如图 4-24 所示。

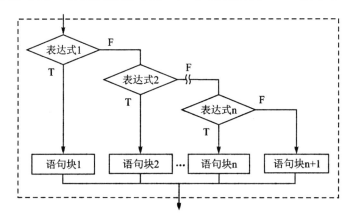

图 4-24　多分支 If…Then…ElseIf 语句执行流程

【例 4-16】　键盘输入一个学生的百分制成绩,将其转换为优、良、中、及格和不及格 5 个等级。

```
Private Sub Command1_Click()
    Dim Cj %
    Cj = Val(InputBox("输入成绩:"))
    If Cj >= 90  Then
        MsgBox Cj & ":优!",, "成绩"
    ElseIf Cj >= 80  Then
        MsgBox Cj & ":良!",, "成绩"
    ElseIf Cj >= 70  Then
        MsgBox Cj & ":中!",, "成绩"
    ElseIf Cj >= 60  Then
        MsgBox Cj & ":及格!",, "成绩"
    Else
        MsgBox Cj & ":不及格!",, "成绩"
    End If
End Sub
```

思考:① 是否可以改变条件判断、执行分支的顺序? ② 如何将优、良、中、及格和不及格等级转化为百分制成绩范围? ③ 自己设计一个分段函数,用多分支 If…Then…ElseIf 语句实现。

4.3.2　If 语句的嵌套

If 语句的嵌套是指在 If 或 Else 后面的语句块中包含 If 语句结构。If 语句嵌套的一般形式如下:

```
    If <表达式1> Then
        …
        If <表达式2> Then
            …
        Else
            …
        End If
        …
    Else
        …
        If <表达式2> Then
            …
        Else
            …
        End If
        …
    End If
```

说明：① 结构中的 Else 或 End If 必须与它相关 If 语句相匹配,即与其前面最近的未被匹配过的 If 匹配。② 为了增强程序的可读性,书写嵌套结构应采用缩格形式。

思考：认真、分析、总结 If 语句嵌套的执行过程。

【**例 4-17**】 假定学生综合测评已满足综合奖学金条件和单项条件,键盘输入学生综合测评分数,根据分数确定该名学生的奖学金。

算法 1

```
Private Sub Command1_Click()
    Dim Zhcpfs %
    Zhcpfs = Val(InputBox("请输入学生综合测评分数:"))
    If Zhcpfs >= 25 Then
        If Zhcpfs >= 30 Then
            Print "综合测评分数:" & Zhcpfs & ",获综合一等奖学金!"
        Else
            Print "综合测评分数:" & Zhcpfs & ",获综合二等奖学金!"
        End If
    Else
        If Zhcpfs >= 20 Then
            Print "综合测评分数:" & Zhcpfs & ",获综合三等奖学金!"
        Else
            Print "综合测评分数:" & Zhcpfs & ",获单项奖学金!"
        End If
    End If
End Sub
```

输入综合测评分数 28,输出"综合测评分数:28,获综合二等奖学金!"

算法 2

```
Private Sub Command1_Click()
    Dim Zhcpfs %
    Zhcpfs = InputBox("请输入学生综合测评分数:")
    If Zhcpfs >= 30 Then
        Print "综合测评分数:" & Zhcpfs & ",获综合一等奖学金!"
    ElseIf Zhcpfs >= 25 Then
        Print "综合测评分数:" & Zhcpfs & ",获综合二等奖学金!"
    ElseIf Zhcpfs >= 20
        Print "综合测评分数:" & Zhcpfs & ",获综合三等奖学金!"
    Else
        Print "综合测评分数:" & Zhcpfs & ",获单项奖学金!"
    End If
End Sub
```

思考:请自行比较上述两种形式的不同,并进一步完善算法使其更实用。

4.3.3　IIf 函数

在 VB 中,还提供了一个 IIf 函数来简洁地表示 If…Then…Else 选择结构,实现简单的条件判断。IIf 函数形式如下:

　　IIf(<条件表达式>,<值/表达式1>,<值/表达式2>)

说明:① 三个表达式或值不可以省略。② <值/表达式1>和<值/表达式2>不允许出现计算错误。

IIf 函数的执行过程:如果<条件表达式>的值为 True,函数返回<值/表达式1>,否则返回<值/表达式2>。

下面是 IIf 函数的应用。

① 求两个数的最大值,用 If…Then…Else 形式和 IIf 函数形式表示如下:

Ⅰ
```
If x > y Then
    max = x
Else
    max = y
End IF
```

Ⅱ `If x > y Then max = x Else max = y`

Ⅲ `max = IIf ( x > y , x , y )`

三者是等价的,但③函数形式更简洁。

② 求 x、y、z 三个数的最大值,用 If…Then…Else 形式和 IIF 函数形式表示如下:

Ⅰ
```
If x > y Then max = x Else max = y
If max > z Then max = max Else max = z
```

Ⅱ `max = IIf (IIf (x > y, x, y) > z, IIf (x > y, x, y), z)`

③ 判断登录成功与否用 If…Then…Else 形式和 IIF 函数形式表示如下：

If Text1.Text = "OK" Then MsgBox "登录成功！" Else MsgBox "登录失败！"
MsgBox IIf (Text1.Text = "OK"，"登录成功！"，"登录失败！"),,"提示"

4.3.4　Select Case 语句

Select Case 语句是 VB 提供的另一种多分支选择结构表示形式。当选择的情况较多时，该结构可更方便、直观地处理多分支选择结构。它的一般形式如下：

Select Case ＜测试表达式＞
　　Case　表达式列表 1
　　　＜语句块 1＞
　　Case　表达式列表 2
　　　＜语句块 2＞
　　…
　　Case　表达式列表 n
　　　＜语句块 n＞
　　[Case Else
　　　＜语句块 n＋1＞]
End Select

说明：① 测试表达式可以是数值或字符串表达式。② Case 后面的表达式列表必须与测试表达式的类型形同，一般是以下四种形式：

Ⅰ 表达式

Case 5　　或　　Case x + 2

Ⅱ 一组值（用逗号隔开）

Case 1,3,5,7　　　　　　'表示条件在 1、3、5、7 范围内取值

Ⅲ 表达式 1 To 表达式 2

Case 90 To 100　　　　　'表示条件取值范围为 90～100

Ⅳ Is 关系运算表达式

Case Is＞15　　　　　　'表示条件在大于 15 的范围内取值
Case 1,5,7,Is＞15　　　'表示条件取值范围为 1、5、7 或大于 15

③ Case Else 及＜语句块 n＋1＞可以没有，否则，只有测试表达式的值与所有表达式的值都不相匹配时执行＜语句块 n＋1＞。④ 如果同一域值的范围在多个 Case 子句中出现，只执行符合要求的第一个 Case 后面的语句块。

注：不是所有的多分支结构均可用 Select Case 语句代替 If…Then…ElseIf 语句，特别是对多个变量进行条件判断时，不能用 Select Case 语句。

下面是错误的表示：

```
Select Case x,y                   '出现两个变量,错误！
    Case x > 0 And y > 0          '出现逻辑表达式,错误！
        …
    Case x < 0 And y < 0
        …
End Select
```

Select Case 语句的执行过程：

① 首先计算"测试表达式"的值。

② 用此值与 Case 后面的表达式 1、表达式 2……中的值进行比较。

③ 若有相匹配的,则执行其后面的语句块,执行完该语句块则结束 Select Case 语句,不再与后面的表达式进行比较。

④ 若找不到相匹配的表达式,如果有 Case Else 语句,则执行其后面的语句块；否则,直接结束 Case Else 语句。

【例 4-18】 键盘输入一个学生的百分制成绩,将其转换为优、良、中、及格和不及格 5 个等级(用 Select Case 语句)。

```
Private Sub Form_Click()
    Dim Cj%, Dj As String * 8
    Cj = Val(InputBox("输入成绩:"))
    Select Case Cj
        Case Is >= 90
            Dj = "优!"
        Case Is >= 80
            Dj = "良!"
        Case Is >= 70
            Dj = "中!"
        Case Is >= 60
            Dj = "及格!"
        Case Else
            Dj = "不及格!"
    End Select
    MsgBox Cj & ":" & Dj, , "成绩"
End Sub
```

【例 4-19】 计算分段函数：

$$y = f(x) = \begin{cases} 2*x+1 & (1 \leqslant x < 2) \\ x*x-3 & (2 \leqslant x < 4) \\ x & (x < 1 \text{ 或者 } x \geqslant 4) \end{cases}$$

```
Private Sub Form_Click()
    Dim x!, y!
    x = Val(InputBox("输入 x:"))
```

```
Select Case x
    Case Is < 1, Is >= 4
        y = x
    Case Is >= 2
        y = x * x - 3
    Case Is >= 1
        y = 2 * x + 1
End Select
MsgBox "x = " & x & ",y = " & y, , "计算"
End Sub
```

分析：在多条件选择情况下，如果分支很少，直接使用 If…Then…ElseIf 语句更好些。

4.4　循 环 结 构

循环结构是结构化程序设计三种基本结构中最重要的一种，是专门用于实现有规律的重复性操作的算法结构。计算机语言中的循环就是在指定的条件下，重复执行一组语句，这组被重复执行的语句称为循环体，而指定的条件称为循环条件。VB 提供了 3 种循环语句来实现循环结构：For…Next、Do…Loop 和 While…Wend，下面分别进行介绍。

4.4.1　For…Next 循环语句

在 VB 中，For…Next 语句主要用于解决循环次数已知的问题，其一般形式如下：

For　循环变量＝初值 To　终值[Step　步长]
　　循环体
Next　循环变量

说明：① 循环变量必须是数值型变量。② 初值（循环初值）、终值（循环条件）和步长（每次循环变量的增量）必须是数值表达式。③ 步长为正，初值小于终值；步长为负，初值大于终值；步长为 1 时，Step 1 可以省略。④ 循环体是一条或多条语句。⑤ 循环次数 N＝Int((终值－初值)/步长＋1)。⑥ Next 后面的循环变量必须与 For 语句中的循环变量同名，并且可以省略。⑦ Exit For 可以出现在循环体中，用来退出循环，执行 Next 后面的语句。

For…Next 语句的执行过程如图 4-25 所示。

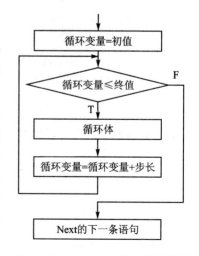

图 4-25　For…Next 语句执行流程

【例4-20】 计算1+2+3+…+100的和。

算法1

把(1,99)、(2,98)、(3,97)、…、(49,51)成对相加,共49个100,再加上50和100,换成数学表示 N*(N/2-1)+N/2+N=N*(N+1)/2,代码编写极其简单,如图4-26所示。

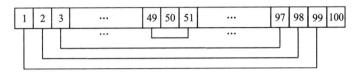

图4-26 1至100累加算法分析

算法2

执行累加 s=0:s=s+1:s=s+2:…:s=s+100。

```
Private Sub Form_Click()
    Dim i%, s%                '变量s存放累加和,初值为0
    For i = 1 To 100 Step 1    '步长为1,Step 1可以省略
        s = s + I              '循环100次,执行s=s+1:s=s+2:…:s=s+100
    Next i
    Print "1 + 2 + 3 + … + 100 = " & s
End Sub
```

运行结果:

1 + 2 + 3 + … + 100 = 5050

思考:如要计算1~100之间奇数累加和、偶数累加和,该如何修改程序?

【例4-21】 计算 1-1/2+1/3-1/4+…-1/100。

```
Private Sub Form_Click()
    Dim i%, f%, s!
    f = 1
    For i = 1 To 100
        s = s + 1 / i * f
        f = -f
    Next i
    Print "s = " & Format(s, "0.000")
End Sub
```

运行结果:

s = 0.688

分析:程序中f=1和f=-f的作用就是改变每一累加项的符号(+,-交替变化)。

思考:用其他算法计算 1-1/2+1/3-1/4+…-1/100,如何修改程序。

【例 4-22】 计算 1+2+3+…+n 的和。

```
Private Sub Form_Click()
    Dim i%, n%, s%
    st = ""
    n = Val(Text1)
    For i = 1 To n
        st = IIf(i = 1, st & i, st & " + " & i)
        s = s + i
    Next i
    Print st & " = " & s
End Sub
```

输入 3,运行结果为:1+2+3=6

输入 8,运行结果为:1+2+3+4+5+6+7+8=36

思考：① 程序中 st=IIf(i=1,st & i,st & " + " & i)起何作用？如果输入 0，结果又如何？② 计算 n!=1*2*3*…*n,如何修改上述程序？

【例 4-23】 计算 1+2+3+…+100,直到累加和大于 1 000 为止,输出累加和与最后累加项。

```
Private Sub Form_Click()
    Dim i%, s%
    For i = 1 To 100
        s = s + i
        If s >= 1000 Then Exit For       'Exit For 跳出当前循环
    Next i
    Print "累加和 = " & s, "最后累加项 = " & i
End Sub
```

运行结果：

累加和 = 1035,最后累加项 = 45

思考：如果不用 If s >= 1000 Then Exit For 控制循环计算,如何修改上述程序？

【例 4-24】 键盘输入 60 名学生的 VB 成绩,比较输出最高成绩。

```
Private Sub Form_Click()
    Dim i%, score%, max_s%
    score = Val(InputBox("输入第 1 名学生的 VB 成绩:", "提示"))
    max_s = score                    '假定第 1 名学生的成绩为最大值
    For i = 2 To 60
        score = Val(InputBox("输入第" & i & "名学生的 VB 成绩:", "提示"))
        If score > max_s Then max_s = score
    Next i
    MsgBox "VB 最高成绩:" & max_s, , "提示"
End Sub
```

分析：score=Val(InputBox("输入第" & i & "名学生的 VB 成绩:","提示"))

完成第 2、3、…、60 名学生 VB 成绩的输入,其中变量 i 的值随循环变量变化。

思考:如果同时输出 VB 最低成绩,如何修改程序?

【例 4-25】 计算 Fibonacci 数列 1、1、2、3、5、8、…的前 10 项之和。

基本思路:Fibonacci 数列从第 3 项开始,每一项等于前面两项之和,通过循环累加实现计算。

```
Private Sub Form_Click()
    Dim a%, b%, c%, s%, i%
    a = 1: b = 1: s = 2            '初始化前两项,两项之和为 2
    For i = 3 To 10
        c = a + b
        s = s + c
        a = b
        b = c
    Next i
    Print "Fibonacci 数列的前 10 项之和 = " & s
End Sub
```

运行结果:

Fibonacci 数列的前 10 项之和 = 143

思考:函数体中的 a=b 与 b=c 能否调换位置?

【例 4-26】 正序、逆序输出 26 个英文大写字母。

基本思路:在 ASCII 码表中,通过 A 可以计算其他字母,即('A'+i,i=0,1,2,…,25)。

```
Private Sub Form_Click()
    Dim i%
    For i = 0 To 25                '正序输出
        Print Chr(Asc("A") + i);
    Next i
    Print                           '换行
    For i = 25 To 0 Step -1         '逆序输出
        Print Chr(Asc("A") + i);
    Next i
End Sub
```

运行结果:

ABCDEFGHIJKLMNOPQRSTUVWXYZ
ZYXWVUTSRQPONMLKJIHGFEDCBA

思考:通过字母 A 输出 26 个小写字母,如何修改程序?

4.4.2 Do…Loop 循环语句

前面介绍的 For…Next 语句适合于解决循环次数事先能够确定的问题。对于那些循环次数难以确定,但控制循环的条件或循环结束的条件已知的情况,常常使用 Do…Loop 语句。Do…Loop 语句是最常用、最有效、最灵活的一种循环结构,它有以下 4 种形式:

① Do While…LOOP 形式如下:

Do While ＜循环条件＞
　　循环体
Loop

② Do…LOOP While 形式如下:

Do
　　循环体
Loop While ＜循环条件＞

③ Do Until…LOOP 形式如下:

Do Until ＜循环条件＞
　　循环体
Loop

④ Do…LOOP Until 形式如下:

Do
　　循环体
Loop Until ＜循环条件＞

Do…Loop 循环语句的功能:当指定的循环条件为 True 或直到指定的循环条件变为 True 之前重复执行循环体。

说明: ① 循环条件通常是关系表达式或逻辑表达式,其值为 True 或 False。② 循环体是一条或多条语句,并且其中应该含有对循环条件的修改操作,否则就形成所谓的"死循环"。③ Exit For 可以出现在循环体中,用来退出循环,执行 Next 后面的语句。

4 种形式循环比较:

(1) ①②两种形式的循环为"当型循环",仅当循环条件成立(True)时,重复执行循环体;循环条件不成立(False)时,结束循环。两种形式循环的区别是:形式①为先判断,后执行循环体(有可能一次也不执行循环体语句);形式②为先执行(循环体语句至少被执行一次),后判断。两种形式循环的执行流程如图 4-27 所示。

(2) ③④两种形式的循环为"直到型循环",循环条件不成立(False)时,重复执行循环体,直到循环条件成立(True),结束循环。两种形式循环的区别是:形式③为先判断,后执行循环体(有可能一次也不执行循环体语句);形式④为先执行(循环体语句至少被执行一次),后判断。两种形式循环的执行流程如图 4-28 所示。

(3) While 当型循环与 Until 直到型循环的主要区别:前者当循环条件为"True"时反复执行循环体;后者是在循环条件为"True"之前(当循环条件为 False 时),反复执行循环体。

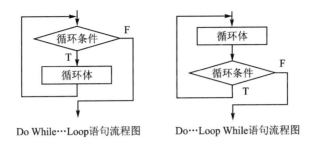

图 4-27 Do…Loop 当型循环

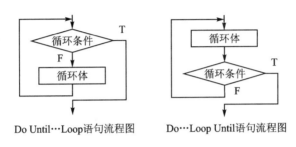

图 4-28 Do…Loop 直到型循环

【例 4-27】 计算 1+2+3+…+100（用 Do While…Loop 语句和 Do Until…Loop 语句）。

```
Private Sub Form_Click()
    Dim i%, s%
    s = 0
    i = 1                    '相当于 For i = 1 To 100 Step 1 语句中的 i = 1
    Do While i <= 100        '相当于 For i = 1 To 100 Step 1 语句中的终值判断
        s = s + i
        i = i + 1            '相当于 For i = 1 To 100 Step 1 语句中的步长增量
    Loop
    Print "1 + 2 + 3 + … + 100 = " & s
End Sub
Private Sub Form_Click()
    Dim i%, s%
    s = 0
    i = 1                    '循环变量赋初值
    Do Until i > 100         '条件为 False(i = 1,2,…,100)时执行循环体
        s = s + i
        i = i + 1
    Loop
    Print "1 + 2 + 3 + … + 100 = " & s
End Sub
```

思考：比较两种形式循环的条件判断和执行流程。

【例 4-28】 求 1～100 之间奇数累加和、偶数累加和。

```
Private Sub Form_Click()
    Dim i% , s1% , s2%              's1、s2 分别存放奇数累加和与偶数累加和
    i = 1                           '循环变量赋初值
    Do While i <= 100
        If i Mod 2 <> 0 Then        '余数不为0即是奇数,否则为偶数
            s1 = s1 + i             '奇数累加
        Else
            s2 = s2 + i             '偶数累加
        End If
        i = i + 1
    Loop
    Print "奇数累加和 = " & s1
    Print "奇数累加和 = " & s2
End Sub
```

运行结果：

奇数累加和 = 2500
偶数累加和 = 2550

思考：计算 100～200 之间所有能被 2 和 3 整除的数累加和,如何修改上述程序？

【例 4-29】 用辗转相除法求两个自然数的最大公约数。

基本思路:以小数除大数,得余数;如果余数不为零,则小数（除数）成被除数,余数成除数,除后得新余数。若余数为零,则此除数即为最大公约数,否则继续辗转相除。

```
Private Sub Form_Click()
    Dim x% , y% , r% , t%           'r 存放最大公约数,t 为临时变量
    x = Val(InputBox("输入 x: "))
    y = Val(InputBox("输入 y: "))
    If x < y Then t = x : x = y : y = t    '保证大数除以小数
    r = x Mod y                     '计算余数
    Do While r <> 0                 '判断余数为0否
        x = y                       '除数作被除数
        y = r                       '余数作除数
        r = x Mod y                 '再次计算余数
    Loop
    Print x & " 和 " & y & "两个数的最大公约数为" & y
End Sub
```

输入 544 和 119,输出:544 和 119 两个数的最大公约数为 17。

思考：同时求两个数的最小公倍数,如何修改上述程序？

【例 4-30】 键盘输入一个自然数（大于1）,判断其是否为素数。

素数（质数）:除 1 和它本身外,不能被其他任何一个整数整除的自然数。

基本思路:判别某数 m 是否为素数最简单的方法是用 i=2,3,…,m-1 逐个判别 m 能否被 i 整除,只要有一个能整除,m 不是素数,退出循环;若都不能整除,则 m

是素数。

```
Private Sub Form_Click()
    Dim i% , n%
    n = Val(InputBox("输入一个数n："))
    i = 2
    Do While i <= n - 1
        If n Mod i = 0 Then Exit Do    '被整除(不是素数)，跳出循环
        i = i + 1
    Loop
    If i > n - 1 Then                  '或 If i = n Then
        Print n & "是素数！"
    Else
        Print n & "不是素数！"
    End If
End Sub
```

输入11，输出：11是素数！

思考：数学上已经进一步证明"若 m 不能被 2→$\sqrt{m}$ 中任一整数整除，则 m 为素数。"该如何修改上述程序？

4.4.3 While…Wend 语句

While…Wend 语句是早期 Basic 语言的循环语句，它的功能已经完全被 Do…Loop 包括，即当循环条件的值为 True 时，执行循环体，否则退出循环。

While…Wend 语句一般形式如下：

While ＜循环条件＞
    循环体
Wend

说明：While…Wend 语句可以嵌套，但每个 Wend 语句都与前面最近的 While 语句匹配。

【例4-31】 编写程序，使 n！最接近 1000(n！＜1000)。

```
Private Sub Form_Click()
    Dim j% , n%
    n = 0                    '本条语句可以省略，因变量n定义默认值为0
    j = 1
    While j < 1000
        n = n + 1
        j = j * n            '计算n!
    Wend
    j = j / n                '求(n-1)!，因n! >= 1000
    n = n - 1
    Print n & "! = " & j & "，最接近1000！"
End Sub
```

运行结果：

6! = 720，最接近 1000!

4.4.4 循环结构嵌套

循环结构嵌套是在一个循环体内包含另一个完整的循环结构。前面介绍的几种循环结构可以互相嵌套。

说明： ① 外循环必须完全包含内循环,结构不能交叉。② 内循环变量与外循环变量不能同名。③ Exit For 和 Exit Do 只能跳出本层循环结构；GoTo 语句可以从最内层循环跳转到最外层的外面,但不能从循环体外转入循环体内(详见 4.5 节)。

【例 4-32】 计算 1!+2!+3!+…+10!。

```
Private Sub Form_Click()
    Dim i%, j%, f&, s&         '防止出现溢出,f 和 s 定义为长整型(&)
    For i = 1 To 10
        f = 1                   'i! 初值
        For j = 1 To i          '计算 i!,注意循环变量终值为 i
            f = f * j
        Next j
        Print i & "! = " & f    '输出 i!
        s = s + f               'i! 累加
    Next i
    Print "1! + 2! + 3! + … + 10! = " & s
End Sub
```

输出：

1! = 1
2! = 2
3! = 6
…
9! = 362880
10! = 3628800
1! + 2! + 3! + … + 10! = 4037913

分析： 由于 n!=n*(n-1)!,阶乘累加和可以不用循环嵌套来实现,程序如下：

```
Private Sub Form_Click()
    Dim i%, f&, s&
    f = 1
    For i = 1 To 10
        f = f * i               '计算 i!
        Print i & "! = " & f    '输出 i!
        s = s + f               'i! 累加
    Next i
    Print "1 + 2! + 3! + … + 10! = " & s
End Sub
```

思考： 计算 1+(1+2)+(1+2+3)+…+(1+2+3+…+100),如何修改上述

程序?

【例4-33】 用枚举法实现百元买百鸡问题:小鸡每只5角,公鸡每只2元,母鸡每只3元。问100元买100只鸡有多少种方案。

基本思路:设母鸡、公鸡和小鸡各为 x、y、z 只,可以写出代数方程式:
$$x + y + z = 100$$
$$3x + 2y + 0.5z = 100$$

但两方程怎么解三个未知数?我们可以采用枚举法,即将可能出现的各种情况一一罗列进行测试,判断每一种情况是否满足条件。罗列每种情况可采用循环结构来实现,运行结果如图4-29所示。

```
Private Sub Form_Click()
    Dim x%, y%, z%         '设母鸡、公鸡和小鸡各为 x、y、z 只
    For x = 0 To 100
        For y = 0 To 100
            For z = 0 To 100
                If (3 * x + 2 * y + 0.5 * z) = 100 And (x + y + z) = 100 Then
                    Print "母鸡 = " & x & ",公鸡 = " & y & ",小鸡 = " & z
                End If
            Next z
        Next y
    Next x
End Sub
```

图4-29 百钱买百鸡算法执行结果

分析:上述算法采用三层循环实现。因为母鸡最多33只,公鸡最多50只,因此可对循环次数进行优化。另外,若余下的只数能与钱数匹配,就是一个合理解。因此可以将循环优化为二层,代码如下:

```
Private Sub Form_Click()
    Dim x%, y%, z%         '设母鸡、公鸡和小鸡各为 x、y、z 只
    For x = 0 To 33
        For y = 0 To 50
            z = 100 - x - y
            If (3 * x + 2 * y + 0.5 * z) = 100 Then
                Print "母鸡 = " & x & ",公鸡 = " & y & ",小鸡 = " & z
            End If
        Next y
    Next x
End Sub
```

思考:① 比较上述两种算法计算的次数。② 100元兑换零钱(5元、10元、20元中任意多个面值),有多少种换法?

【例4-34】 在100以内找出一组 x、y、z 三个数,满足:$x^2 + y^2 + z^2 > 100$。

```
Private Sub Form_Click()
    Dim x%, y%, z%
```

```
        For x = 1 To 99
            For y = 1 To 99
                For z = 1 To 99
                    If (x * x + y * y + z * z) > 100 Then
                        Print x & " * " & x & " + " & y & " * " & y _      '_为续行
                        & " + " & z & " * " & z & " = " & x * x + y * y + z * z
                        Exit Sub                                '结束过程
                    End If
                Next z
            Next y
        Next x
End Sub
```

运行结果：

1 * 1 + 1 * 1 + 10 * 10 = 102

思考：Exit Sub 直接结束本事件过程，是否可用 goto 语句从最内层直接跳到最外层循环的外面？

【例 4-35】 键盘输入 60 名学生的 VB、高数、英语三门课的成绩，计算每名学生的平均成绩和 60 名学生的总平均成绩。

```
Private Sub Form_Click()
    Dim i%, j%, score%, s_sum%, s_avg!, stu_sum%, stu_avg!
    For i = 1 To 60
        s_sum = 0
        For j = 1 To 3
            score = InputBox("输入第" & i & "名学生的第" & j & "门课的成绩:", "提示")
            Print Format(score, "@@@@") & " ,";
            s_sum = s_sum + score
        Next j
        s_avg = s_sum / 3
        Print "第" & i & "名学生的平均成绩:" & s_avg
        stu_sum = stu_sum + s_sum
    Next i
    stu_avg = stu_sum / (60 * 3)
    Print
    Print "60 名学生的总平均成绩:" & stu_avg
End Sub
```

思考：如果同时输出 60 名同学各单科平均成绩，如何修改程序？如何在输入成绩时提示输入学生哪门课的成绩？

4.5 其他辅助控制语句

其他流程控制语句主要有 GoTo 语句、Exit 语句、End 和 With…End With 语句，其作用是控制程序的流程。

4.5.1 跳转语句 GoTo

GoTo 语句一般形式如下：

GoTo ＜标号 | 行号＞

语句作用：无条件地跳转到过程中指定的标号或行号所指的相应语句。

说明：① goto 语句只能在本过程中跳转。② 标号是不区分大小写的、以字母开头的字符序列；被跳转到的标号以":"结尾。③ 行号是一个数字序列；被跳转到的行号必须在行的开始位置。

注：① GoTo 语句本身是无条件调转,但与 If 语句配合使用就转换为有条件跳转。② GoTo 语句与 If 语句配合使用也可以实现循环。③ GoTo 语句可以直接从多层循环的最里层跳到最外层。④ GoTo 语句不符合结构化程序设计规则,会降低程序的可读性,非特殊场合不使用。

【例 4-36】 计算存款利息,年利率为 0.035,每年复利计息一次,8 年本利合计是多少。

```
Private Sub Form_Click()
    Dim p!,pf!,r!,t%
    r = 0.035
    t = 1
    pf = Val(InputBox("请输入本金:"))
    p = pf
    A:
    If t > 8 Then GoTo 66
        i = p * r
        p = p + i
        t = t + 1
        GoTo A
    66
    Print pf & "元存款,8 年后本利合计为:" & p & "元"
End Sub
```

输入 10000

输出结果：

10000 元元存款,8 年后本利合计为:13168.09 元

4.5.2 退出语句 Exit

在 VB 中,用于退出某种控制结构的执行,有多种形式的 Exit 语句,它们的作用如表 4-3 所列。

表 4-3　Exit 语句各种形式

语句形式	作用
Exit For	退出 For…Next 循环,如为嵌套循环,只能跳出 Exit For 语句所在的循环
Exit Do	退出 Do…Loop 循环,如为嵌套循环,只能跳出 Exit For 语句所在的循环
Exit Function	立即从包含该语句的 Function 过程中退出,返回到调用过程语句之后继续执行
Exit Sub	立即从包含该语句的 Sub 过程中退出,返回到调用过程语句之后继续执行

4.5.3　结束语句 End

独立的 End 语句用于结束一个程序的进行,如关闭一个窗体。End 其他形式的应用主要有 End If、End Select、End With、End Function、End Sub 等,它们与相应的语句配对使用,其作用如表 4-4 所列。

表 4-4　End 语句各种形式

语句形式	作用
End	可以放在过程中任何位置停止执行程序(关闭窗口等)
End If	用于结束一个 If 语句块
End Select	用于结束一个 Select Case 语句
End With	用于结束一个 With 语句
End Function	用于结束一个 Function 语句
End Sub	用于结束一个 Sub 语句

注:在使用 End 语句关闭程序时,是直接终止程序的执行,不再调用 Unload、QueryUnload、Terminate 事件或任何其他代码。例如,使用 End 语句终止程序关闭窗体时,窗体不发生 Unload 事件而直接关闭。使用 Unload 语句关闭窗体时,窗体发生 Unload 事件。

4.5.4　复用语句 With…End With

复用 With 语句是在一个定制的对象或用户定义的类型上执行的一组语句。
With 语句一般形式如下:

　　With ＜对象＞
　　　　[＜语句组＞]
　　End With

说明:① 对象,一个对象或用户自定义类型的名称。② 语句组,在对象上执行的一条或多条语句。③ With 语句可以嵌套使用,外层对象在内层被屏蔽,所以必须在内层的 With 语句中使用完整的对象才能引用外层对象。

【例4-37】 在窗体Load事件中设置窗体和按钮的属性,运行效果如图4-30所示。

```
Private Sub Form_Load()
    With Form1
        .Height = 3000
        .Width = 4000
        With Command1
            .Height = 1000
            .Width = 3000
            .Caption = "按钮属性设置"
            Form1.Caption = "窗体属性设置"
        End With
    End With
End Sub
```

图4-30 复用语句应用

分析: 在嵌套内层With语句中设置外层With对象属性(窗体标题)需要写入窗体名称Form1。

本章小结

算法是解决问题的方法和步骤,好的算法可以优化程序设计,提高编程和程序的运行效率。顺序结构、选择结构和循环结构是程序设计的三种基本结构。顺序结构是编程的基础,选择结构主要应用于逻辑条件判断问题,循环结构是用来处理重复操作问题。选择结构和循环结构都可以嵌套应用,循环结构应用时应特别注意循环条件的控制,否则会造成死循环。

三种结构和其他辅助语句的灵活、综合应用能够解决相对复杂的问题。

编程时,结构尽量采用缩格书写,以增强代码的可读性。

习题4

1. 简述算法及算法的特点。
2. 结构化程序设计包括哪三种基本结构?
3. Select Case…End Select 形式语句是否可以完全取代 If…Then…ElseIf…EndIf 形式语句?
4. While 当型循环与 Until 直到型循环的主要区别是什么?
5. For…Next 循环只适合解决循环次数已知的问题吗?
6. Do While…LOOP 形式与 Do…LOOP While 形式是否在任何情况下都可以互换。
7. 编写程序:

(1) 计算 $1-1/2+1/3-1/4+\cdots-1/100$。

(2) 计算 100～200 之间所有能被 2 和 3 整除数的累加和。

(3) 输出 100～200 之间的所有素数。

(4) 计算 $1+(1+2)+(1+2+3)+\cdots+(1+2+3+\cdots+100)$。

(5) 计算 $S=2+22+222+2222+\cdots+\overbrace{22\cdots222}^{n}$ (n 个 2,5＜n＜10)。

(6) 计算 $s=1+1/2+1/4+1/7+1/11+1/16+1/22+1/29+\cdots$ 当第 i 项的值 ＜0.0001 时结束。

(7) 输出乘法九九表(9 行)。

(8) 鸡兔共笼,有 30 个头,90 只脚,求鸡兔各有多少?

(9) 输入 3 个数,判断 3 个数能否作为三角形的三条边;如构成三角形,计算三角形面积并输出;否则输出"不构成三角形"。

(10) 求一元二次方程 $ax^2+bx+c=0$ 的解,a、b、c 由键盘输入。

第 5 章 数　　组

学习导读

案例导入

"高校奖学金综合测评管理系统"的一个很重要功能就是在计算学生绩点的基础上,按成绩或绩点进行排序、统计输出高于平均成绩或平均绩点的学生。采用数组结构进行批量数据存储和循环结构算法结合能很好地解决这类问题。此外,该系统功能界面设计涉及很多相同控件对象,应用控件数组也是一个不错的选择。

知识要点

数组是编程语言数据类型中重要的数据结构。数组与循环结构结合使用,可以有效地处理大批量具有相同类型的数据,解决用简单变量无法(或困难)实现的问题。本章主要介绍静态数组、动态数组和控件数组的相关知识及应用。

学习目标

● 熟练掌握静态数组的定义和应用;
● 熟练掌握动态数组的定义和应用;
● 熟练掌握控件数组的创建和应用。

5.1 数　　组

数组是一组具有相同数据类型的变量集合。每个数组都有一个名字,数组名代表逻辑上相关的一批数据,数组中元素的个数称为数组的长度(大小)。数组在内存中被分配连续的存储单元,每个存储单元代表数组中的变量(数组元素),数组元素用下标形式表示,数组元素可像普通变量一样使用。利用数组,可以简化程序、提高编程效率。

1. 数组的维数

数组一般分为一维、二维和多维。只有一个下标的数组称为一维数组。有两个下标的数组称为二维数组。例如:a(6),a 是数组名,代表 a(0)～a(6)七个元素,数组长度为 7。b(1 to 6),b 是数组名,代表 b(1)～b(6)六个元素,数组长度为 6。c(1,2),其中 c 是数组名,代表 c(0,0)、c(0,1)、c(0,2)、c(1,0)、c(1,1)、c(1,2)六个元素(2 行 3 列),数组长度为 6。d(1 to 2,1 to 3),d 是数组名,代表 d(1,1)、d(1,2)、d(1,3)、d(2,1)、d(2,2)、d(2,3)六个元素(2 行 3 列),数组长度为 6。

2. 数组的分类

根据数组在内存中分配空间在程序执行过程中是否可变，VB 数组可分为静态数组和动态数组。静态数组不允许用户在定义后再在程序中修改数组的长度和维数；动态数组允许用户在定义后再在程序中修改数组的长度或维数。

数组在使用之前必须先声明。

5.2 静态数组

静态数组是指程序在运行时，数组元素的个数不变，所占分配空间也保持不变。静态数组在声明时就已确定数组的大小。静态数组分为一维数组、二维数组和多维数组。

5.2.1 一维数组

对于批量数据处理问题，如统计 1 000 名学生中高于平均成绩的人数并将成绩进行排序。定义 1 000 个简单变量表示这些成绩并进行计算处理很不现实，但应用数组则会很好地解决此类问题。

VB 语言中，在使用数组时，必须先定义后使用。

1. 一维数组的定义

只有一个下标的数组称为一维数组，其一般定义格式如下：

Dim 　数组名(＜下标＞)[As ＜类型＞]

说明：① 数组名，与变量命名规则相同，遵循标识符命名规则。② 下标，用来指定数组的维数和元素的个数（数组的长度），是整型常量。下标形式为：

[下界 To]上界，省略下界，其默认值为 0，不能是变量。数组大小：上界－下界＋1。

③ As ＜类型＞，指定数组（元素）类型，可以是 VB 语言支持的数据类型，默认为变体类型。

例如：

```
Dim a(1 To 3) As Integer, b(4) As Integer
Dim c(-2 To 2)
Dim d(5) As String * 8
```

第 1 语句定义了 2 个整型数组 a 和 b，a 数组的长度为 3（含 3 个元素），元素为 a(1)、a(2)、a(3)，b 数组的长度为 5（含 5 个元素），元素为 b(0)、b(1)、b(2)、b(3)、b(4)，2 个数组的元素均为整型。

以 b(4)数组为例，系统在内存为 b 数组分配 5 个连续的存储单元，每个存储单元占 2 个字节，如图 5－1 所示。

第 2 语句定义了类型为 Variant 的 c 数组，其长度为 5，元素为 c(−2)、c(−1)、c(0)、c(1)、c(2)，数组的元素均为 Variant 型。

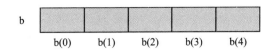

图 5-1　b(4)数组存储单元

第 3 语句定义了字符串类型的 d 数组,有 6 个元素,每个元素最多存放 8 个字符。

提示：① 数组下界默认为 0,为了便于使用,在 VB 中的窗体层或标准模块层用 Option Base n 语句指定定义数组时下标下界省略时的默认值(不能在过程中使用)。

例如：

```
Option Base 1
Dim m(3) As Integer
```

设定默认下界为 1,数组 m 中的元素分别为:m(1)、m(2)、m(3)。

② 定义数组时,可用类型符来指定数组的类型,例如：

```
Dim a(3) As Integer
Dim a%(3)
```

两条语句定义整型数组是等价的。

2. 一维数组的初始化

数组的初始化就是给数组的各元素赋初值。利用 VB 提供的 Array 函数可以实现数组的初始化。数组初始化的一般格式如下：

变量名＝Array(＜常量列表＞)

说明：① 变量名,表示数组,类型为 Variant 的变量或没有大小的动态数组。
② 常量列表,逗号分隔的数组元素值。赋值后的数组大小由赋值的个数决定。
③ Array 函数只能对一维数组初始化。

例如：

```
Dim a                   '定义 Variant 型变量
a = Array(1,2,3,4)      'a 中包含 4 个元素,各元素的值为:1、2、3、4
```

3. 一维数组元素的引用

数组定义时,只是表示在内存中分配了连续的存储单元,数组名表示该数组的整体,如何对这些连续存储单元进行操作,需要对每个数组元素引用。而数组元素引用是只针对数组中某个元素的操作。

数组元素的一般形式如下：

数组名(＜下标＞)

说明：① 下标为整型常量或整型表达式;② 用下标区分不同的数组元素,数组元素就是带下标的变量;③ 数组元素下标不能越界,下标从 0 开始,范围为 0≤下标≤数组长度－1。

例如:

```
Dim a,b(3);
a = Array(1,2,3,4)
Print a(4)              '错误,数组元素下标越界
Print a                 '错误,对数组不能作为一个整体进行操作
b = a;                  '错误,问题同上。
```

编程时,数组经常与循环语句结合使用,通过循环变量控制数组元素的下标,引用不同的数组元素,完成相应的操作。为了便于学生快速掌握数组的应用,下面介绍数组的基本操作。

假设有如下数组定义:

```
Const N% = 5
Dim a%(N)
```

① 用循环变量对数组元素赋值:

```
For i = 0 To N
    a(i) = i
Next i
```

② 数组元素的键盘赋值:

```
For i = 0 To N
    a(i) = InputBox("输入:")
Next i
```

③ 通过随机函数 Rnd 产生 30～80 之间的 N 个数据:

```
For i = 0  To N - 1
    a(i) = Int(Rnd * 51 + 30)
Next i
'Rnd 函数的作用是随机产生小于 1 但大于等于 0 的双精度随机数
```

④ 分 2 行输出数组元素:

```
For i = 0 To N
    Print Tab((j + 1) * 10); a(i);          '或 Print Str(a(i));
    j = j + 1
    If (i + 1) Mod 2 = 0 Then Print  ; j = 0
Next i
```

⑤ 逆序输出数组元素

```
For i = N - 1 To 0 Step - 1
    Print Space(3); a(i);
Next i
```

⑥ 数组元素求和

```
s = 0;
```

```
For i = 0 To N
    s = s + a(i)
Next i
```

⑦ 求数组中的最大元素：

```
max = a(0)
For i = 0 To N
    If a(i) > max Then max = a(i)
Next i
```

⑧ 求最大元素的下标：

       'imax 代表最大元素下标
```
For i = 0 To N
    If a(i) > a(imax) Then imax = i
Next i
```

⑨ 将最大元素放于某一特定位置（如放在最前头）：

```
imax = 0
For i = 0 To N
    If a(i) > a(imax) Then imax = i
Next i
If imax <> 0 Then
    t = a(0): a(0) = a(imax): a(imax) = t
End If
```

⑩ 将第一个元素放到最后，其余元素前移一个位置：

```
t = a(0)
For i = 0 To <= N - 1
    a(i) = a(i + 1)
Next i
a(i) = t
```

4．一维数组程序举例

【例 5-1】 键盘输入 n 个学生的成绩，计算平均成绩，统计高于平均成绩的人数。

```
Private Sub Form_Click()
    Dim i%, n%, num%, s%(100), sum%
    Dim ave!
    num = 0 : sum = 0           '高于平均成绩的人数和成绩累加和初值均为 0
    n = InputBox("输入 n：", "提示")   'n 不能超过 100
    For i = 1 To n
        s(i) = InputBox("输入第" & i & "个学生成绩：", "提示")
        sum = sum + s(i)
    Next i
    ave = sum / n
    For i = 1 To n
        If s(i) > ave Then num = num + 1
    Next i
```

```
        Print "平均成绩 = " & ave
        Print "高于平均成绩的人数 = " & num
End Sub
```

分析：由于无法确定有多少学生,将存放学生成绩的数组定义为s(100)(甚至s(1000),或许浪费内存空间),键盘赋给n变量的值不能超过100(或1000)。另外,要统计高于平均成绩的人数,必须用每个成绩与平均成绩进行比较,因此用数组(元素)存储保留n名学生的成绩是最好的选择。

思考：请同学们自行分析,如果用n个简单变量存放成绩,变量如何定义？算法如何实现？用一个变量存放成绩,又会出现什么问题？

【**例5-2**】 键盘输入一些学生的绩点(用负数结束输入),计算平均绩点,统计高于平均绩点的人数,如图5-2所示。

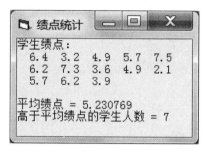

图5-2 绩点统计结果

```
Private Sub Form_Click()
    Dim i%, num%, stu_gp!(100),gp_sum!
    Dim gp_ave!
    i = 1
    stu_gp(i) = InputBox("输入第1个学生的绩点:","提示")
    Do While stu_gp(i) >= 0               '循环条件是绩点>=0
        gp_sum = gp_sum + stu_gp(i)
        i = i + 1
        stu_gp(i) = InputBox("输入第" & i & "个学生的绩点:","提示")
    Loop
    gp_ave = gp_sum /(i - 1)              '循环变量i-1的值即是学生数
    For j = 1 To i - 1
        If stu_gp(j) > gp_ave Then num = num + 1
        Print format(stu_gp(j), "@ @@@@ ");
        If j mod 5 = 0 then Print
    Next i
    Print:Print
    Print "平均绩点 = " & gp_ave
    Print "高于平均绩点的学生人数 = " & num
End Sub
```

分析：本算法可以随时停止输入学生绩点(而在[例5-1]中,一次必须全部输完n个成绩),但仍然无法确定所定义数组的真正长度。

【**例5-3**】 定义含有10个元素的数组,将数组中的元素按逆序重新存放后输出(将数组中的元素首尾对调),如图5-3所示。

```
Private Sub Form_Click()
    Dim i%, a, b%(9)
    a = Array(1, 2, 3, 4, 5, 6,7,8,9,10)
    Print "对调前:";
```

```
    For i = 0 To 9
        Print Space(2); a(i);
    Next i
    Print
    For i = 0 To 9
        b(i) = a(10 - i - 1)
    Next i
    For i = 0 To 9
        a(i) = b(i)
    Next I
    Print "对调后:";
    For i = 0 To 9
        Print Space(2); a(i);
    Next i
End Sub
```

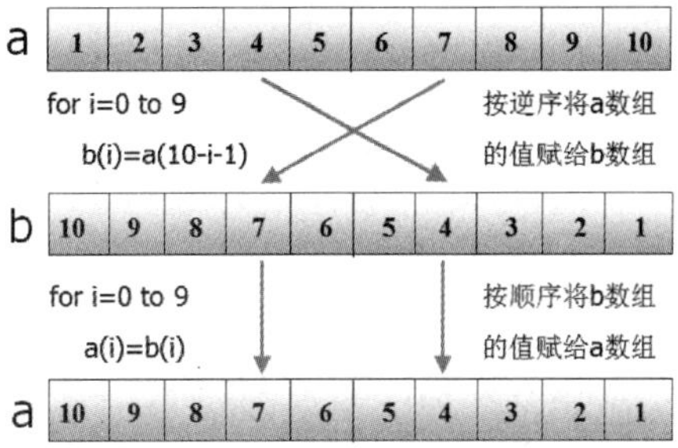

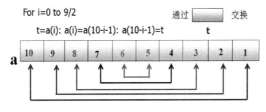

图 5-3　开辟另一个数组 b

分析：程序中的第 2 个循环结构完成将 a 数组中的值逆向放入 b 数组；第 3 个循环结构完成将 b 数组中元素值放入 a 数组对应元素中。本算法主要借助于 b 数组实现 a 数组元素首尾调换。逆序输出和逆序对调不同。

【例 5-4】　分析如下程序完成的功能和算法实现。

```
Private Sub Form_Click()
    Dim i%, a
    a = Array(1, 2, 3, 4, 5, 6,7,8,9,10)
    For i = 0 To 9
        Print Space(2); a(i);
    Next i
    Print
    For i = 0 To 9 / 2
        t = a(i): a(i) = a(10 - i - 1): a(10 - i - 1) = t
    Next i
    For i = 0 To 9
        Print Space(2); a(i);
    Next i
End Sub
```

分析：程序完成的功能也是将 a 数组元素（值）首尾对调，如图 5-4 所示。与 [例 5-3] 算法实现不同的是，通过 a 数组本身实现首尾元素（值）对调。对调次数控制是 i≤9/2，如果是 i≤9，a 数组元素调换后又恢复原来顺序。

图 5-4　只开辟一个存储单元 t

【例 5-5】 数组初始化为不相同的整数，从键盘输入一个数，输出与该值相同的数组元素。

```
Private Sub Form_Click()
    Dim i%,n%,s
    s = Array(10,11,12,13,14,15,16,17,18,19)
    For i = 0 To 9
        Print Space(2) ; s(i) ;
    Next i
    n = InputBox("输入查找的数：","提示")
    Print
    For i = 0 To 9
        If s(i) = n Then Print "与" & n & "相同的元素被找到！"
    Next i
End Sub
```

思考：请分析算法的实现，能否进一步优化算法（提示：数组初始化为不相同的整数）？

【例 5-6】 在有序数组中插入一个数，数组仍然有序。

基本思路：首先要查找待插入数据在数组中的位置 k，然后从最后一个元素开始往前，直到下标为 k 的元素依次往后移动一个位置；第 k 个元素的位置空出，将欲插入的数据插入，如图 5-5 所示。

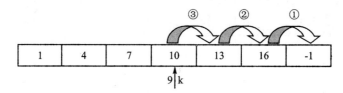

图 5-5　在有序数组中插入数值

```
Private Sub Form_Click()
    Dim i%,n%,s
    s = Array(1, 4, 7, 10,13, 16, -1)        '-1在数组中占位,非有序数列值
    Print "插入数前的有序数列：";
    For i = 0 To 5
        Print Space(2); s(i);
    Next i
    Print
    n = InputBox("输入要插入的数：","提示")
    For k = 0 To 5
        If n < s(k) Then Exit For            '查找插入点
    Next k
    For i = 5 To k Step -1
        s(i + 1) = s(i)                      '插入点后面元素后移
    Next i
    s(k) = n                                 '在插入点插入 n
    Print "插入数后的有序数列：";
```

```
    For i = 0 To 6
        Print Space(2); s(i);
    Next i
End Sub
```

【例 5-7】 计算 Fibonacci 数列 1、1、2、3、5、8、…的前 10 项之和。

基本思路：Fibonacci 数列从第 3 项开始，每一项等于前面两项之和，即：f(i)＝f(i－1)＋f(i－2)，通过循环累加实现计算。

```
Private Sub Form_Click()
    Dim i%, s%, f%(9)
    f(0) = 1: f(1) = 1              '初始化数列前 2 项
    s = 2                           '前 2 项之和为 s = 2
    For i = 2 To 9
        f(i) = f(i - 1) + f(i - 2)  '每一项等于前面两项之和
        s = s + f(i)
    Next i
    Print "Fibonacci 数列的前 10 项之和 = " & s
End Sub
```

输出：

Fibonacci 数列的前 10 项之和 = 143

【例 5-8】 将 8 个学生的成绩按从小到大（递增）的顺序进行排序。

排序是数组的典型应用。排序的算法有多种，比较典型和简单的有选择法排序和冒泡法排序。

算法 1 用选择法实现 8 个学生成绩的递增排序。

基本思路：从 n 个数的序列中选出最小的数（递增），与第 1 个数交换位置；除第 1 个数外，其余 n－1 个数再按同样的方法选出次小的数，与第 2 个数交换位置；重复 n－1 遍，最后构成递增序列。

```
Private Sub Form_Click()
    Dim i%, j%, k%, t%, a
    a = Array(75, 40, 30, 25, 65, 50, 30, 20)
    Print "排序前:"
    For i = 0 To 7
        Print Space(3); a(i);
    Next i
    Print
    For i = 0 To 6
        k = i
        For j = k + 1 To 7
            If a(k) > a(j) Then k = j
        Next j
        t = a(i): a(i) = a(k): a(k) = t
    Next i
    Print "排序后:"
```

```
    For i = 0 To 7
        Print Space(3); a(i);
    Next i
End Sub
```

算法 2　用冒泡法实现 8 个学生成绩的递增排序。

基本思路:从第一个元素开始,对数组中两两相邻的元素比较,将值较小的元素放在前面,值较大的元素放在后面,一轮比较完毕,最大的数存放在 a(N−1)中;然后对 a(0)到 a(N−2)的 N−1 个数进行同一比较操作,次最大数放入 a(N−2)元素内,完成第二趟排序;依次类推,进行 N−1 趟排序后,所有数均有序。

```
Private Sub Form_Click()
    Dim i%, j%, k%, t%, a
    a = Array(75, 40, 30, 25, 65, 50, 30, 20)
    Print "排序前:"
    For i = 0 To 7
        Print Space(3); a(i);
    Next i
    Print
    For i = 1 To 7
        For j = 0 To 7 - i
            If a(j) > a(j + 1) Then
                t = a(j): a(j) = a(j + 1): a(j + 1) = t
            End If
        Next j
    Next i
    Print "排序后:"
    For i = 0 To 7
        Print Space(3); a(i);
    Next i
End Sub
```

思考：请分析选择法和冒泡法排序算法的不同。

5.2.2　二维数组

一维数组对应一个线性表,二维数组则相当于一个矩阵。

1. 二维数组的定义

有两个下标的数组称为二维数组,其一般定义格式如下:

Dim　数组名(<下标 1>,<下标 2>)[As <类型>]

说明:① 数组名、下标和类型与一维数组规定相同。② 数组的大小为各维大小的乘积。③ 二维数组在内存中的存放顺序是"先行后列"。

例如:

Dim s(1,2) As Integer

表示定义了 2 行 3 列 6 个元素的整型数组,元素为 s(0,0)、s(0,1)、s(0,2)、s(1,0)、

s(1,1)、s(1,2),其逻辑结构如图 5-6 所示。

系统在内存为 s 数组分配 6 个连续的存储单元,每个存储单元占 2 个字节,6 个元素按行的顺序存放,如图 5-7 所示。

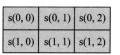

图 5-6 数组 s(1,2)的逻辑结构

2. 二维数组元素的引用

二维数组元素的一般形式如下:

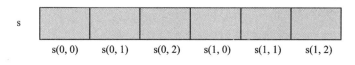

图 5-7 数组 s(1,2)的存储单元

数组名(<下标 1>,<下标 2>)

编写程序时,一般用循环嵌套来控制二维数组的操作。外层循环变量控制数组元素的行下标,内层循环变量控制数组元素的列下标,引用不同的数组元素,完成相应的操作。

假设有如下数组定义:

```
Dim s%(2,3)
```

① 用循环变量对数组元素赋值:

```
For i = 0 To 2              '外循环控制行
    For j = 0 To 3          '内循环控制列
        s(i,j) = i + j
    Next j
Next i
```

② 数组元素的键盘赋值

```
For i = 0 To 2
    For j = 0 To 3
        s(i,j) = InputBox("输入:")
    Next j
Next i
```

③ 分行输出数组元素

```
For i = 0 To 2
    For j = 0 To 3
        Print Str(s(i,j);
    Next j
    Print
Next i
```

④ 数组元素求和:

```
sum = 0
For i = 0 To 2
    sum1 = 0
    For j = 0 To 3
        sum1 = sum1 + s(i,j)
    Next j
    sum = sum + sum1
Next i
```

⑤ 求数组中的最大元素：

```
max = s(0,0)
For i = 0 To 2
    For j = 0 To 3
        If s(i,j) > max Then max = s(i,j)
    Next j
Next i
```

⑥ 求最大元素的下标：

```
imax = 0 : jmax = 0              'imax、jmax 分别代表最大元素的行、列下标
For i = 0 To 2
    For j = 0 To 3
        If s(i,j)>s(imax,jmax) Then imax = i : jmax = j
    Next j
Next i
```

3. 二维数组程序举例

【**例 5-9**】 实现矩阵相加：Z＝X＋Y(二维数组对应元素相加)，如图 5-8 所示。要求 X、Y 矩阵每个元素值等于其下标之和。

```
Private Sub Form_Click()
    Dim X%(2,3),Y%(2,3),Z%(2,3),i%,j%
    For i = 0 To 2
        For j = 0 To 3
            X(i, j) = i + j           '每个元素 = 下标之和
            Y(i, j) = i + j
            Z(i, j) = X(i, j) + Y(i, j) '对应元素相加
        Next j
    Next i
    Print "X 数组:        Y 数组:"
    For i = 0 To 2
        For j = 0 To 3
            Print X(i, j);
        Next j
        For j = 0 To 3
            Print Y(i, j);
        Next j
        Print
    Next i
```

```
        Print "X 数组 + Y 数组:"
        For i = 0 To 2
            For j = 0 To 3
                Print Z(i, j);
            Next j
            Print
        Next i
End Sub
```

图 5-8 矩阵相加

【例 5-10】 随机产生二维数组 s,输出二维数组 s 中每一行的最大值和位置。

```
Private Sub Form_Click()
    Dim s%(2, 3), i%, j%, max%, imax%, jmax%
    Print "随机产生的数组:"
    For i = 0 To 2
        For j = 0 To 3
            s(i, j) = Int(Rnd * 50 + 21)        '随机产生 12 个元素值
            Print s(i, j);                       '输出随机产生的元素值
        Next j
        Print
    Next i
    For i = 0 To 2
        max = s(i, 0)                            '假定每行的第 1 个元素为最大值
        imax = i: jmax = 0                       'imax 和 jmax 存放行下标和列下标
        For j = 1 To 3
            If s(i, j) > max Then
                max = s(i, j): jmax = j           '最大值改变,下标随着改变
            End If
        Next j
        Print "第" & i + 1 & "行第" & jmax + 1 & "列元素为最大值:" & max
    Next i
End Sub
```

窗体输出如图 5-9 所示。

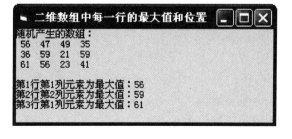

图 5-9 数组的产生与每行最大值

思考:能否将 max=s(i,0):imax=i:jmax=0 放在 For i=0 To 2 的前面。

【例 5-11】 将矩阵第一行元素与最后一行对应元素对调。

```
Private Sub Form_Click()
    Dim s%(2, 3), i%, j%, t%
    For i = 0 To 2
        For j = 0 To 3
            s(i, j) = Int(Rnd * 50 + 21)
        Next j
    Next i
    For j = 0 To 3
        t = s(0, j): s(0, j) = s(2, j): s(2, j) = t
    Next j
    For i = 0 To 2
        For j = 0 To 3
            Print s(i, j);
        Next j
        Print
    Next i
End Sub
```

分析：矩阵第一行元素与最后一行对应元素对调，元素的行下标确定，只控制这两行对应元素的列下标即可，因此可用单层循环控制列下标实现对应元素对调。

【例 5 - 12】 分析下面程序完成的功能并输出结果。

```
Private Sub Form_Click()
    Dim s%(4, 4), i%, j%
    For i = 0 To 4
        s(i, 0) = 1: s(i, i) = 1
    Next i
    For i = 2 To 4
        For j = 1 To i - 1
            s(i, j) = s(i - 1, j) + s(i - 1, j - 1)
        Next j
    Next i
    For i = 0 To 4
        For j = 0 To i
            Print s(i, j);
        Next j
        Print
    Next i
End Sub
```

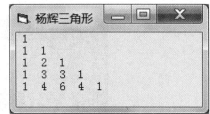

图 5 - 10 杨辉三角形

分析：输出 5 行杨辉三角形，如图 5 - 10 所示。程序中的第 1 个循环结构实现 s(4,4) 数组中第 1 列和对角线元素赋值为 1；第 2 个循环结构中的 s(i,j)=s(i-1,j)+s(i-1,j-1) 实现每个元素值等于上一行本列元素与前一列元素相加（除第 1 列和对角线元素外）。

【例 5 - 13】 方阵转置，将第 n 行元素变为第 n 列。

基本思路：将矩阵以主对角线为轴线，将元素的行和列位置调换，如图 5 - 11

所示。

```
Private Sub Form_Click()
    Dim s%(4, 4), i%, j%, t%
    For i = 0 To 4
        For j = 0 To 4
            s(i, j) = j + 1
        Next j
    Next i
    Print "转置之前的 5×5 矩阵:"
    For i = 0 To 4
        For j = 0 To 4
            Print Space(3) & s(i, j);
        Next j
        Print
    Next i
    For i = 0 To 4
        For j = 0 To i - 1
            t = s(i, j): s(i, j) = s(j, i): s(j, i) = t
        Next j
    Next i
    Print "转置之后的 5×5 矩阵:"
    For i = 0 To 4
        For j = 0 To 4
            Print Space(3) & s(i, j);
        Next j
        Print
    Next i
End Sub
```

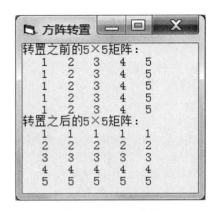

图 5-11 方阵转置

思考：程序中，是否可以将 For j=0 To i−1 写成 For j=0 To 4？

5.2.3 多维数组

三维数组是二维数组（平面）的集合，可以表示一个三维空间。如果每页纸是记账的表格，那么一本账簿就需要一个三维数组表示。

有多个下标的数组称为多维数组，其一般定义格式如下：

Dim 数组名(＜下标1＞,＜下标2＞,…)[As ＜类型＞]

说明：① 数组名、下标和类型与二维数组规定相同。② 数组的大小为各维大小的乘积，每一维的大小为(上界－下界＋1)。

例如：

Dim a(1,2,3) As Integer

表示定义了 2 页(面)3 行 4 列 24 个元素的整型数组。

注：处理立体多维问题时采用多维数组，多维数组一般由循环嵌套来控制操作，例如对前面定义的三维数组进行操作：

```
For i = 0 To 1
    For j = 0 To 2
        For k = 0 To 3
            Print Space(3) & a(i, j, k);
        Next k
    Next j
    Print
Next i
```

5.3 动态数组

动态数组是指在程序运行时,可以增加或减少其元素个数的数组。使用动态数组的优点是:根据需要,有效地利用存储空间(存储空间根据需求变大或变小)。

动态数组与静态数组的区别是:

① 静态数组,系统在编译时根据声明语句定义的数组(大小确定),预先分配存储空间。在程序执行过程中,存储空间大小不能改变,程序执行结束时,系统回收分配的空间。

② 动态数组,声明语句未给出数组的大小(省略下标),在程序执行过程中,根据需要,可以多次执行 ReDim 语句确定数组的大小,动态分配存储空间。

5.3.1 动态数组的定义及应用

动态数组有两种定义形式。

① 用 ReDim 语句直接定义数组形式:

ReDim［Preserve］数组名＜下标＞［As＜类型＞］

② 先用 Dim 语句定义未指定大小的数组,再用 ReDim 语句动态分配元素个数:

Dim　数组名()［As＜类型＞］

……

ReDim［Preserve］数组名＜下标＞

说明: ① 数组名和类型与静态数组规定相同,但下标可以是常量,也可以是有确定值的变量。② Preserve,可以保留数组中原来的数据,省略则丢失。使用此参数,只能改变数组最后一维的大小。

注: ① ReDim 语句可以多次使用,改变数组的大小(改变所占内存的大小),但不能改变其已经定义的数据类型。② ReDim 语句是执行语句,但只能在过程中使用(Dim 语句是声明语句,可以出现在过程之外)。

【例 5-14】 动态数组应用举例。

```
① Dim a( ) As Integer          '声明动态数组
   ReDim a(2)                   '为动态数组分配实际空间(数组长度)
   a(0) = 1; a(1) = 2 ; a(2) = 3
```

```
    Print a(0);a(1);a(2)
    ReDim a(4)                  '改变数组的大小,原有元素数据丢失
    A(3) = 4;a(4) = 5
    Print a(0);a(1);a(2);a(3);a(4)
```

② Dim a( ) As Integer
```
    ReDim a(2)
    a(0) = 1;a(1) = 2;a(2) = 3
    Print a(0);a(1);a(2)
    ReDim Preserve a(4)         '改变数组的大小,原有元素数据保留
    A(3) = 4;a(4) = 5
    Print a(0);a(1);a(2);a(3);a(4)
```

③ ReDim a(2),b(1,2)
```
    a(0) = 1;b(0,1) = 2
    Print a(0);b(0,1)
    ReDim a(2,3),b(2,3)         '改变数组的维数和大小
    a(1,2) = 5;b(2,1) = 6
    Print a(1,2);b(2,1)
```

④ Dim N%,a( ) As Integer
```
    N = Val(InputBox("输入 N:"))
    ReDim a(N)                  'ReDim 语句中动态数组的下标可以是有确定值的变量
```

【例 5 - 15】 定义动态数组存放书名并输出,如图 5 - 12 所示。

```
Private Sub Command1_Click()
    Text1 = ""
    Dim n As Long,i%
    Dim Book( )
    Do
        ReDim Preserve Book(n)    '重新定义动态数组 Book
        Book(n) = InputBox("请输入书名,否则结束输入","提示")
        n = n + 1
    Loop Until Book(n - 1) = ""
    For i = 0 To n - 2
        Text1 = Text1 & "第" & i + 1 & "本书是:" & Book(i) & vbCrLf
    Next i
    Erase Book
End Sub
```

分析:动态数组 Book(n) 的大小由循环来控制,每输入一本书名,数组即增加一个元素,直到不输入为止。程序执行输出结果如图 5 - 12 所示。

【例 5 - 16】 用动态数组修改 [例 5 - 6](在有序数列中插入一个数,数列仍然有序)。

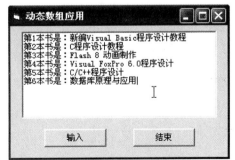

图 5 - 12 动态数组应用

```
Private Sub Form_Click()
    Dim i%, n%, m%, k%, s()
    s = Array(1, 4, 7, 10, 13, 16)              '动态数组赋初值
    m = UBound(s)                                'UBound(a)函数获得数组的上界
    n = InputBox("输入要插入的数:", "提示")
    Print "插入数前的有序数列:";
    For i = 0 To m
        Print Space(2); s(i);
    Next i
    Print
    For k = 0 To 5
        If n < s(k) Then Exit For               '查找插入点
    Next k
    ReDim Preserve s(m + 1)                      '动态数组增加1个元素
    For i = m To k Step -1
        s(i + 1) = s(i)                          '插入点后面元素后移
    Next i
    s(k) = n                                     '在插入点插入数n
    Print "插入数后的有序数列:";
    For i = 0 To m + 1
        Print Space(2); s(i);
    Next i
End Sub
```

分析：参见程序语句注释

5.3.2 数组的清除

在实际应用中,有时需要清除数组的内容或对数组重新定义,可以用 Erase 语句来实现,其形式如下:

Erase <数组名>[,<数组名>]…

作用:重新初始化静态数组元素,或者释放动态数组的存储空间。

说明：① Erase 语句用于静态数组时,数组仍然存在,只是其内容被清空。所有数值型元素置为 0,所有字符串元素置为空串,所有记录元素按每个元素类型重新进行设置。② Erase 语句用于动态数组时,将删除数组结构并释放数组所占用的内存。在下次引用该动态数组之前,必须用 ReDim 语句重新定义该数组变量的维数。③ Erase 语句用于变体数组时,每个元素将被重置为"空"(Empty)。

【例 5-17】 Erase 语句应用举例。

```
Private Sub Form_Click()
    Dim a%(2), b()
    a(0) = 1: a(1) = 2: a(2) = 3
    b = Array(4, 5)
    Erase a, b                      '数组清除
    Print a(0), a(1), a(2)          '输出3个0
    ReDim b(3)                       '动态数组重新定义
    b(0) = 1: b(1) = 2: b(2) = 3
    Print b(0), b(1), b(2)          '输出1、2、3
End Sub
```

5.4 控件数组

在程序设计中,特别是图形界面设计时,一般将类型相同、功能相似的控件视为一个数组,其使用和普通数组基本相同。

5.4.1 控件数组

控件数组由一组类型相同、名称相同、属性基本相同、执行不同功能的控件组成。

在创建控件数组时,系统会给这个控件数组中每个控件元素一个唯一的索引号(Index),即元素的下标,下标从 0 开始。这些控件元素使用相同的事件过程,在事件过程中使用 Index 区分各个控件元素。

例如,假定一个控件数组含有 5 个命令按钮,单击任何一个命令按钮,都会调用同一个 Click 过程。

5.4.2 控件数组的创建

创建控件数组主要有复制粘贴、设置控件的 Name 属性和程序中定义三种方法。

1. 复制粘贴法

通过复制粘贴控件,创建控件数组。具体步骤如下:

① 在窗体上添加一个要创建控件数组的控件。

② 选中该控件,单击鼠标右键,在弹出的菜单中选择"复制"命令。

③ 使用鼠标选中窗体,单击鼠标右键,在弹出的菜单中选择"粘贴"命令。此时会弹出一个如图 5-13 所示的提示对话框。单击"是"按钮后,则在窗体上添加一个新的控件数组元素。

图 5-13 创建控件数组

④ 重复执行步骤③,直到添加完所需要的控件数组元素为止。

2. 设置控件 Name 属性方法

控件的 Name 属性用来标识控件的名字,将需要放置在控件数组中的同类型控件的 Name 属性设置为相同名称,也可以创建控件数组。具体步骤如下:① 在窗体或容器控件中添加两个或多个同类型要创建控件数组的控件。② 逐一选中添加的每个控件,并设置相同的 Name,完成控件数组的创建。设置 Name 属性,第一次出现同名 Name 时,也会出现如图 5-13 所示的提示对话框。单击"是"按钮即可创建控件数组。后续控件 Name 属性设置不再出现提示对话框。

3. 程序中 Load 方法

在程序运行时,通过 Load 方法完成控件元素相同属性的设置,实现创建控件数组。具体步骤如下：

① 在窗体或容器控件中添加一个控件，并设置 Index 属性为 0，表示这是一个控件数组（一个元素）。

② 在代码中通过 Load 方法添加其余控件元素，用 UnLoad 方法删除其中控件元素。

注：用此方法添加的控件元素还需进行 Top、Left 属性的设置，并将 Visible 属性设置为 True，才能使添加的控件元素显示在窗体上。

上述第 1、2 两种方法是在设计阶段可视地创建和编辑控件数组，而第 3 种方法是在程序中定义并在程序运行时创建控件数组。设计编程时，视情况选择合适方法创建控件数组进行界面设计。

5.4.3 控件数组的使用

下面通过一个实例说明控件数组的创建和调用方法。

【例 5-18】 学生成绩编辑浏览界面设计，如图 5-14 所示。

在窗体上添加并设置好第一控件 Command1，标题 Caption 为首记录；控件数组标识号 Index 为 0。在窗体加载时就会自动生成另外 7 个命令按钮。为了判断单击了命令按钮组中的哪个按钮，VB 会把按钮元素的下标值传送给事件过程，事件过程通过接收的 Index 参数进行判断。在代码窗口编写如下事件过程：

图 5-14 学生成绩编辑浏览界面

```
Private Sub Form_Load()          '在加载过程中创建命令按钮组
    Dim i%
    For i = 1 To 7
        Load Command1(i)
        Command1(i).Left = Command1(0).Left + i * (Command1(0).Width + 50)
        Command1(i).Visible = True
        Select Case i
            Case 1
                Command1(i).Caption = "上一条"
            Case 2
                Command1(i).Caption = "下一条"
            Case 3
                Command1(i).Caption = "尾记录"
            Case 4
                Command1(i).Caption = "查找"
            Case 5
                Command1(i).Caption = "添加"
            Case 6
                Command1(i).Caption = "删除"
            Case 7
```

```
                Command1(i).Caption = "结束"
            End Select
    Next i
End Sub
Private Sub Command1_Click(Index As Integer)      '共享同一事件过程,不同单击判断
    Select Case Index
        Case 0
            MsgBox "你单击的是<首记录>按钮",vbOKOnly,"提示"
        Case 1
            MsgBox "你单击的是<上一条>按钮",vbOKOnly,"提示"
        Case 2
            MsgBox "你单击的是<下一条>按钮",vbOKOnly,"提示"
        Case 3
            MsgBox "你单击的是<尾记录>按钮",vbOKOnly,"提示"
        Case 4
            MsgBox "你单击的是<查找>按钮",vbOKOnly,"提示"
        Case 5
            MsgBox "你单击的是<添加>记录按钮",vbOKOnly,"提示"
        Case 6
            MsgBox "你单击的是<删除>记录按钮",vbOKOnly,"提示"
        Case 7
            MsgBox "你单击的是<结束>按钮",vbOKOnly,"提示"
    End Select
End Sub
```

5.5 与数组相关的函数及语句

在 VB 语言中,系统提供了一些针对数组的函数及语句,方便用户对数组进行各种操作。

1. Array([<常量列表>])

功能:将常量列表的各项数值分别赋给一个一维数组的各个元素。

说明:常量列表中各数值之间用",",分隔。省略常量列表,则创建一个长度为 0 的数组。

2. UBound(<数组>[,<维数>])

功能:返回指定数组中指定维数可用的最大下标(上界)。

说明:维数指定返回的是哪一维,如果省略,默认值是 1(第一维)。

3. LBound(<数组>[,<维数>])

功能:返回指定数组中指定维数可用的最小下标(下界)。

说明:维数指定返回的是哪一维,如果省略,默认值是 1(第一维)。

4. Split(<表达式>[,<字符>[,count[,compare]]])

功能:返回一个下标从 0 开始的一维数组,各个元素存放字符串中相应的子字符串。

说明:① 表达式是包含子字符串和分隔符的字符串表达式。如果字符串长度为

0(空串),则返回一个空数组。② 字符用于标识子字符串边界。如果忽略,则用空格作为分隔符;如果字符是长度为零的字符串,则数组仅包含一个元素(完整的表达式字符串)。③ count 是要返回的子字符串数。-1 表示返回所有的子字符串。④ compare 是数字值,表示判别子字符串时使用的比较方式(1 文字比较;0 二进制比较)。

5. Option Base [0|1]

功能:Option Base 语句用来指定声明数组时下标下界省略时的默认值。

说明:① 0 或 1 是下标下界的默认值。省略默认值为 0。② Option Base 语句在模块中使用,一个模块中只能出现一次,必须写在模块中所有过程之前,而且必须位于带维数的数组声明之前。

本章小结

本章比较详细地介绍了静态数组(一维数组、二维数组)、动态数组的定义和控件数组的创建及应用,同时还介绍了与数组操作相关的函数及语句。

数组是一组具有相同数据类型的变量集合。数组在内存中被分配连续的存储单元,数组元素就是带下标的变量,数组元素像普通变量一样使用。数组与循环结构结合使用,可以有效地处理大批量数据,解决用简单变量无法(或困难)实现的问题,简化了算法,提高了效率。

习题 5

1. VB 语言中引入数组有何好处。

2. VB 6.0 中,数组的下界默认值是多少?用什么语句重新定义数组的默认下界?该语句应写在何处?

3. 数组如何初始化?有何规定?

4. 动态数组与静态数组有何区别?

5. 控件数组如何建立?

6. 程序运行时显示"下标越界",错误原因可能是什么?

7. 分析下面程序,完善窗体设计并运行结果。

```
Private Sub Form_Load()
    Dim i%
    For i = 1 To 5
        Load Command1(i)          '创建命令按钮控件数组
        Command1(i).Top = Command1(0).Top + i * (Command1(0).Height + 100)
        Command1(i).Visible = True
        
        Load Check1(i)            '创建复选框控件数组
        Check1(i).Top = Check1(0).Top + i * (Check1(0).Height + 100)
        Check1(i).Visible = True
```

```
        Load Option1(i)              '创建单选按钮控件数组
        Option1(i).Top = Option1(0).Top + i * (Option1(0).Height + 100)
        Option1(i).Visible = True
    Next i
End Sub
```

8. 分析下面程序,完善窗体设计并运行结果。

```
Private Sub Command1_Click(Index As Integer)
    Select Case Index
        Case 0
            Pict.Picture = Picture1(0)
        Case 1
            Pict.Picture = Picture1(1)
        Case 2
            Pict.Picture = Picture1(2)
    End Select
End Sub
Private Sub Form_Load()
    With Pict                            '设置一个图片框容器
        .Left = 200
        .Width = 4000
        .Height = 3000
    End With
    For i = 1 To 2                       '确定按钮控件数组在窗体中的位置
        Command1(i).Top = 3300
        Command1(i).Left = 500 + 1000 * i
    Next i
End Sub
```

9. 分析下面程序,完善窗体设计并运行结果。

```
Private Sub Command1_Click(Index As Integer)
    Select Case Index
        Case 0
            MsgBox "你单击的是'确定'按钮", vbOKOnly, "提示"
        Case 1
            MsgBox "你单击的是'取消'按钮", vbOKOnly, "提示"
    End Select
End Sub
```

10. 编写程序:

(1) 随机产生一组数,计算平均数,输出高于平均数的所有数及这些数的个数。

(2) 将一维数组 a[100]中满足条件的数存放到一维数组 b[100]中。

(3) 将5×5矩阵中对角线元素变为1。

(4) 输入10名学生的学号和3门课的成绩,计算每个人的总分和平均成绩(用二维数组)。

(5) 分析选择法排序和冒泡法排序算法的不同。

(6) 输出二维数组中的鞍点(某行最大且该列最小)。

第6章 过 程

学习导读

案例导入

"高校奖学金综合测评管理系统"的功能是通过各个功能模块体现的。单击鼠标完成数据的保存、计算、查询、统计和排序等功能,都是通过执行特定功能代码(过程)实现的。因此,编写特定功能代码在整个系统功能的最终实现上显得尤为重要。

知识要点

过程是模块化程序设计中实现特定功能的一段代码。过程是 VB 设计并实现实用功能程序的关键技术,熟练地使用过程是编写高质量应用程序的基础。函数过程具有代码重用、提高编写效率和利于程序维护等诸多优点。程序设计时,不仅可以调用系统提供的内部函数,也可以调用自己编写的函数。本章主要介绍 Sub 过程和 Function 过程、过程之间的参数传递、过程的嵌套调用、递归调用和过程的作用域。

学习目标

- 了解过程概念;
- 掌握过程调用的程序流程;
- 熟练掌握过程之间的参数传递方式;
- 熟练掌握函数的嵌套调用和递归调用;
- 掌握变量的作用域。

6.1 过 程

6.1.1 Visual Basic 应用程序结构

Visual Basic 的一个应用程序(又称一个工程)由若干个窗体模块、标准模块和类模块组成,每个模块又可以包含若干个过程,如图 6-1 所示。

1. 窗体模块

Visual Basic 应用程序中的每个窗体对应一个窗体模块。窗体模块包含事件过程(窗体本身及窗体中各个控件对象的事件过程)、本窗体内过程共享的子过程和函数过程。

2. 标准模块

标准模块由程序代码组成,主要用来声明全局变量和定义一些被不同窗体程序共享调用的通用自定义过程(子过程或函数过程)。

3. 类模块

类模块包含用于创建新的对象类的属性、方法的定义等。类模块相关内容在本书不做介绍。

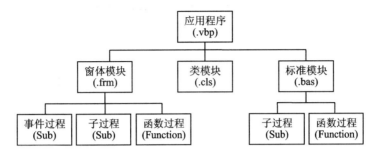

图 6-1 VB 应用程序结构

6.1.2 Visual Basic 过程

Visual Basic 过程就是完成特定功能的一段代码,可以重复调用执行。

1. 过程的特点

在一个程序或多个程序中,如果将多次进行相同计算处理操作编写为一个过程进行调用,其具有如下特点:

① 过程具有相对独立的功能;
② 过程之间通过参数(输入)和返回值(输出)进行联系;
③ 过程可重复使用,节省内存,方便维护与程序调试;
④ 程序模块化,分工开发,易于理解,提高效率。

2. 过程的分类

Visual Basic 中常用的过程有两类:子过程(Sub 过程)和函数过程(Function 过程)。

Sub 过程一般由编程人员编写,既可以保存在窗体模块中,也可以保存在标准模块中。Sub 过程又分为事件过程和通用过程两种:

① 事件过程即简单的对象事件驱动过程(某个事件发生时,对该事件做出响应的程序段),由系统自动调用。

② 通用过程与事件过程不同,它不依附于某一个对象,也不是由事件驱动或由系统自动调用,而是必须被调用语句调用才起作用。

Function 过程与 Sub 过程基本相同,但可以在调用后返回一个值(Sub 过程只是重复使用的代码,不返回值)。

6.2 Sub 过程

Sub 过程又分为事件过程和通用过程两种。事件过程即简单的对象事件驱动过程,由系统自动调用;通用过程必须被调用语句调用才起作用。

6.2.1 事件过程

当 Visual Basic 中的对象(窗体及窗体上的控件对象)对一个事件的发生做出响应时,便自动用相应的事件名字来调用该事件过程(名字 Name 在对象和代码之间建立了联系,事件过程附加在窗体和控件上)。

窗体和控件事件过程的一般定义形式如下:

① 控件事件过程

Private Sub 控件名_事件名(参数列表)
  ＜语句组＞
End Sub

② 窗体事件过程

Private Sub Form_事件名(参数列表)
  ＜语句组＞
End Sub

说明:① 控件名和事件名,如图 6-2 所示。在 Visual Basic 代码窗口中,从"对象"下拉列表框中选择一个对象(控件名),从"过程"下拉列表框中选择一个过程(事件名),就会在"代码窗口"中自动形成一个事件过程模板,输入相应代码即定义一个完整的事件过程。

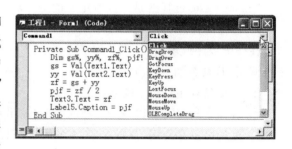

图 6-2　Command1_Click 事件过程

② 参数列表可以为空,但圆括号不能省略。

注:控件的 Name 必须与事件过程名一致,否则过程就成为通用过程。

6.2.2 通用过程

1. 通用过程的定义

如果不同的过程(事件过程或函数过程)都要执行相同的动作,可以将完成这些动作的公共语句放入通用过程,实现过程的共享调用。通用过程既可以保存在窗体模块中,也可以保存在标准模块中,不同模块中的过程可以互相调用。

通用过程必须先定义后使用,其一般定义形式如下:

[Public|Private][Static]Sub 过程名([形参列表])
  ＜语句组＞
End Sub

说明:① Public 表示子过程是全局的、公有的,可被程序中的任何模块调用;Private 表示子过程是局部的、私有的,仅供本模块中的其他过程调用;缺省是全局的。② Static 指定过程中的局部变量在内存中的默认存储方式。如果使用 Static，局部变量在每次调用过程时保持其值不变，否则重新初始化。③ 形参列表是用"，"分隔的形参（形式参数），只能是变量或数组名，用于在调用子过程时的数据传递；可以为空，但圆括号不能省略。④ 语句组中可以用一个或多个 Exit Sub 语句从过程中退出；不可以用 GoTo 进入或转出一个子过程。⑤ 子过程不能嵌套（子过程体中不允许再嵌套定义子过程）。

2. 通用过程的建立

如果通用过程保存在标准模块中，可以使用两种方法建立通用过程。

（1）第一种方法

① 执行"工程"菜单中的"添加模块"命令，打开"添加模块"对话框，如图 6-3 所示。

② 选择"新建"选项卡，然后双击"模块"图标或单击"打开"按钮，打开模块代码窗口。

③ 执行"工具"菜单中的"添加过程"命令，打开"添加过程"对话框，如图 6-4 所示。

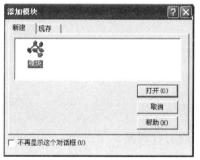

图 6-3 "添加模块"对话框

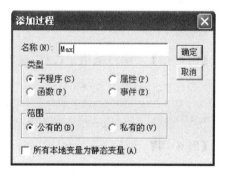

图 6-4 "添加过程"对话框

④ 输入过程的名字，选择要建立过程的类型，选择过程的适用范围和设置过程中局部变量的存储方式（Static）。

⑤ 单击"确定"按钮，返回到模块代码窗口，如图 6-5 所示。

⑥ 输入程序代码，完成通用过程的建立。

（2）第二种方法

① 执行"工程"菜单中的"添加模块"命令，打开"添加模块"对话框，如图 6-3 所示。选择"新建"选项卡，然后双击"模块"图标或单击"打开"按钮，打开模块代码窗口。

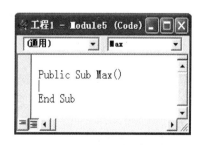

图 6-5 模块代码窗口

② 在模块代码窗口首先输入过程名称,按"回车"键,即可创建过程框架。
③ 输入程序代码,完成通用过程的建立。

注:如果通用模块保存在窗体模块中,首先打开代码编辑窗口,然后从第一种方法中的第3步开始操作,完成通用过程的建立。或者打开代码编辑窗口后,从"对象"下拉列表框中选择"通用",在代码窗口首先输入过程名称,按"回车"键,即可创建过程框架。

【例 6-1】 编写通用子过程,输出一行 10 个"☺"。

```
Public Sub Sprint()
    Print "☺☺☺☺☺☺☺☺☺☺"
End Sub
```

【例 6-2】 编写通用子过程,输出一行 n 个"☺"。

```
Public Sub Sprn(n%)
    Dim i
    For i = 1 To n
        Print "☺";
    Next i
    Print
End Sub
```

【例 6-3】 编写通用子过程,输出两个数的最大值。

```
Public Sub Smax(x%, y%)
    If x > y Then Print x Else Print y
End Sub
```

【例 6-4】 编写通用子过程,将两个变量的值进行调换。

```
Public Sub Swap(x%, y%)
    Dim t%
    t = x: x = y: y = t
End Sub
```

上述几个例题,只是说明通用子过程如何定义(有参数或无参数),要想实现子过程的功能,必须编写调用这些过程的其他过程。

6.2.3 Sub 过程调用

定义 Sub 过程后,只有调用执行才能实现其功能。Sub 过程调用有以下两种形式:
① 利用 Call 语句调用
Call <子过程名>[(<实参列表>)]
② 利用子过程名直接调用
<子过程名>[<实参列表>]

说明:① 调用时,子过程名要与被调用过程名一致。② 实参与形参的个数、位

置与类型必须一致。③ 实参与形参可以同名,但占不同的存储单元。④ 若实参要获得子过程的返回值,则实参只能是与形参同类型的简单变量、数组名、自定义类型变量,不能是常量、表达式和控件名。⑤ 过程定义中的形参只有当发生过程调用时,才被分配内存单元。⑥ 如果是无参调用,形式①可以省略括号。

注:数据的输入或输出一般在调用过程中完成;调用语句不能出现在表达式中。

【例 6 – 5】 完善程序编写,实现调用[例 6 – 3]中的 Smax 子过程。

```
Public Sub Smax(x%, y%)              '变量 x、y 作形参
    If x > y Then Print x Else Print y    '在被调用子过程中输出最大值
End Sub
Public Sub Command1_Click()
    Dim a%, b%
    a = Val(Text1)
    b = Val(Text2)
    Call Smax(a,b)                   '过程调用,变量 a、b 作实参
End Sub
```

【例 6 – 6】 完善程序编写,实现调用[例 6 – 4]中的 Swap 子过程。

```
Public Sub Swap(x%, y%)
    Dim t%
    t = x: x = y: y = t
End Sub
Public Sub Form_Click()
    Dim a%, b%
    a = Val(Text1)
    b = Val(Text2)
    Print "调换前:a = " & a & ",b = " & b
    Swap a,b                         '过程调用,变量 a、b 作实参
    Print "调换后:a = " & a & ",b = " & b
End Sub
```

【例 6 – 7】 调用[例 6 – 1]中的 Sprint 子过程,输出 5 行"☺"号。

```
Public Sub Sprint()
    Print "☺☺☺☺☺☺☺☺"
End Sub
Public Sub Form_Click()
    Dim i%
    For i = 1 To 5
        Call Sprint()                '无参函数调用 Call Sprint 或 Sprint
    Next i
End Sub
```

6.3　Function 过程

Function 过程与 Sub 过程基本相同,都完成特定的功能,主要区别是在调用后

可以返回一个值。本节主要介绍用户自定义的函数过程，VB 系统提供的内部函数参见第 3 章常用内部函数。

6.3.1 函数过程

1. 函数过程定义

Function 过程又称函数过程，也必须先定义后使用，其一般定义形式如下：

［Public｜Private］［Static］Function 过程名（［形参列表］）［As＜类型＞］

　　＜语句组＞

End Sub

说明：① 类型，指函数过程返回值的数据类型。缺省为变体(Variant)类型。② 过程名即函数过程名，函数过程通过函数过程名返回一个值，一般在过程语句组中要对函数过程名赋值，即函数过程名＝表达式。若缺省对函数过程名赋值，则该过程返回对应类型的缺省值，即 0 或空串。③ 形式参数可以为空，但圆括号不能省略。④ 函数过程不允许再嵌套定义。⑤ 语句组中可以用一个或多个 Exit Function 语句从过程中退出。

【例 6－8】 编写函数过程，求两个数的最大值。

```
Public Function Fmax(x%, y%) As Integer      '变量 x,y 作形参,返回值为整型
    Dim z%
    If x > y Then z = x Else z = y
    Fmax = z                                   '函数值通过函数过程名返回
End Function
```

或

```
Function Fmax(x%, y%) As Integer
    If x > y Then Fmax = x Else Fmax = y       '函数过程名作变量使用
End Function
```

或

```
Function Fmax(x%, y%) As Integer
    Fmax = IIf( x > y , x , y )                '函数过程中使用内部函数
End Function
```

【例 6－9】 编写函数过程，计算 n!。

```
Function Fac(n%) As Integer
    Fac = 1
    For i = 2 To n
        Fac = Fac * i
    Next i
End Function
```

上述 2 个例题，只是说明如何定义函数过程，要想实现函数功能返回函数值，必须完善程序，编写其他过程调用执行这些函数过程。

2. 函数过程的建立

函数过程的建立与子过程建立基本相同,既可以保存在标准模块中,也可以保存在窗体模块中。

6.3.2 函数过程调用

函数过程定义后,只有调用执行才能实现其功能。函数过程调用形式如下:

函数过程名(实参列表)

说明:① 调用时,函数过程名要与被调用函数名一致。② 实参与形参的个数、位置与类型必须一致。它可以是同类型的常量、变量或表达式。③ 实参与形参可以同名,但占不同的存储单元。④ 调用的形式可以是表达式,也可以是语句(同 Sub 子过程调用)。⑤ 函数定义中的形参只有当发生函数过程调用时,才被分配内存单元。

注:数据的输入或输出一般在调用过程中完成。

【例 6-10】 完善程序编写,实现调用[例 6-8]中的 Fmax 函数。

```
Public Function Fmax(x%, y%) As Integer
    Dim z%
    If x > y Then z = x Else z = y
    Fmax = z
End Function
Public Sub Command1_Click()
    Dim a%, b%, max%
    a = Val(Text1)
    b = Val(Text2)
    max = Fmax(a,b)                '函数过程调用,变量a、b作实参
    Print "两个数的最大值:" & max
End Sub
```

分析:程序中的 max=Fmax(a,b)和 Print "两个数的最大值:" & max 两条语句可以合二为一:Print "两个数的最大值:" & Fmax(a,b),在输出表达式中调用函数过程。

Fmax 函数调用执行流程如图 6-6 所示。

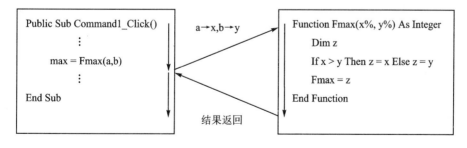

图 6-6 函数调用执行流程

6.4 参数传递

参数是调用过程与被调用过程之间交换数据的通道。在调用一个过程时,必须把实参传递给形参,完成形参与实参的结合,执行被调用的过程。在 VB 语言中,参数传递主要有值传递和地址传递两种方式。

6.4.1 形式参数和实际参数

参数根据作用的不同,分为形式参数和实际参数。

① 形式参数(简称形参)是指在 Sub、Function 过程声明时,过程名后圆括号内的参数。形参用来接收程序传递给该过程的数据。形参可以是变量和数组名。

② 实际参数(简称实参)是指在调用 Sub、Function 过程时,写在过程名后面的参数。实参用来将数据按值或按地址传递给过程中的形参。实参可以是与实参同类型的常量、变量、表达式和数组名。

6.4.2 值传递

值传递就是实参传递给形参的值是单方向的值传递,参数是一般变量,形参的改变不会影响实参的值,被调用过程是通过返回值影响调用过程的。

在 VB 中,使用 ByVal 关键字定义形参,指定参数传递方式为值传递。

值传递方式工作原理:调用过程时,程序为形参在内存中临时分配存储单元,并将实参的值复制到这个存储单元中。当过程中改变形参的值时,只是改变形参存储单元的值,实参的值不会改变。

【例 6 - 11】 分析下面过程与函数之间的参数传递。

```
Function fun(ByVal x%, ByVal y%) As Integer
    x = x + 1
    y = y + 1
    fun = x + y
End Function
Private Sub Form_Click()
    Dim x%, y%, z%
    x = 1: y = 2
    z = fun(x, y)
    Print "x = " & x & ",y = " & y
    Print "z = " & z
End Sub
```

运行结果:

x = 1,y = 2
z = 5

分析：形参前的 ByVal 关键字决定了参数传递方式为值传递。函数调用时，系统为形参 x 和 y 分配独立的存储单元（即使形参与实参同名），同时将实参 x 和 y 的值分别传递给形参 x 和 y，形参完成加 1 操作，形参 x 和 y 分别变为 2 和 3，返回函数值为 2+3，函数调用结束，分配给形参 x 和 y 的存储单元被释放，实参 x 和 y 的值并没有因为形参的改变而受影响，因此，Form_Click 过程中输出的 x 和 y 值仍然为 1 和 2。

【例 6-12】 分析下面过程之间的参数传递。

```
Public Sub Swap(ByVal x%, ByVal y%)
    Dim t%
    t = x: x = y: y = t
End Sub
Public Sub Form_Click()
    Dim a%, b%
    a = 1: b = 2
    Print "调换前:a = " & a & ",b = " & b
    Swap a,b                                    '过程调用,变量a、b作实参
    Print "调换后:a = " & a & ",b = " & b
End Sub
```

运行结果：

调换前:a = 1,b = 2
调换后:a = 1,b = 2

分析：运行结果说明,调换前后未发生改变,请同学自行分析原因。

6.4.3 地址传递

值传递的过程调用,其形参的改变并不影响实参。如果程序需要从被调用过程返回多个值或者希望形参的改变能影响实参的值,则只能以传地址的方式来实现。传地址方式所传递的是变量参数的地址,在被调用过程中,形参的改变影响实参的值,即操作形参就是操作实参。

在 VB 中,使用 ByRef 关键字定义形参,指定参数传递方式为地址传递。

地址传递方式工作原理:过程调用时,程序将实参在内存中分配存储单元的地址传递给形参,即形参与实参公用同一个存储单元,对形参的操作就是对实参的操作。当过程中改变形参的值时,实参的值也会改变。

注：① 按地址传递方式调用过程,实参必须是变量或数组。② 如果参数不使用 ByVal 或 ByRef 关键字,则默认为 ByRef,按地址传递。③ 当实参是常量、表达式形式,则不论其对应形参前定义成什么方式(ByVal 或 ByRef),系统都强制按值传递方式传递参数。④ 当实参是数组、对象形式,则不论其对应形参前定义成什么方式(ByVal 或 ByRef),系统都强制按地址传递方式传递参数。

【例 6-13】 用下面过程替换[例 6-12]中的被调用过程,分析过程之间的参数

传递。

```
Public Sub Swap(ByRef x%, ByRef y%)
    Dim t%
    t = x: x = y: y = t
End Sub
```

或

```
Public Sub Swap(x%, y%)
    Dim t%
    t = x: x = y: y = t
End Sub
```

运行结果：

函数调用前：a=1,b=2
函数调用后：a=2,b=1

分析：在[例6-12]中，并没有通过过程的调用实现实参a和b值的调换，因为参数的传递是单方向值传递（虽然形参改变，但在过程调用结束时，分配给形参的存储单元被释放），没有影响实参的值。在本例中，参数按地址传递方式结合，形参x与实参a共享同一个存储单元，形参y与实参b共享同一个存储单元，形参x和y值的交换就是实参a和b值的交换。

【例6-14】 编写一个过程，统计一个字符串中数字、字母和其他字符的个数。

```
Private Sub Stat(ByVal s$, n1%, n2%, n3%)
    Dim i%
    For i = 1 To Len(s)                 'Len(s)字符串的长度
        Select Case Mid(s, i, 1)        'Mid(s,i,1)截取字符串中的1个字符
            Case "0" To "9"
                n1 = n1 + 1             '数字计数器n1
            Case "a" To "z", "A" To "Z"
                n2 = n2 + 1             '字母计数器n2
            Case Else
                n3 = n3 + 1             '其他字符计数器n3
        End Select
    Next i
End Sub
Private Sub Form_Click()
    Dim s$, c%, d%, o%
    s = InputBox("请输入字符串:")
    Call Stat(s, d, c, o)
    Print "字符串:" & s
    Print "数字字符" & d & "个,字母字符" & c & "个,其他字符" & o & "个"
End Sub
```

如果输入的字符串为：China168180@163.com

输出：

字符串:China168180@163.com
数字字符9个,字母字符8个,其他字符2个

分析:由于统计过程将返回3个统计值,因而采用Sub子过程来实现;同时,表示统计结果的形参采用地址传递方式。另外,被统计的字符串并不发生改变,接收字符串的形参采用按值传递方式。

6.4.4 数组参数传递

数组也可以作为参数传递给过程:

① 数组实参和数组形参均用＜数组名＞()表示,括号为空;实参可以省略括号。
② 数组作为参数传递,使用的是按地址传递方式。
③ 数组作为参数传递,是把整个数组元素传递给过程。
④ 数组作为参数传递,经常在过程中使用LBound和UBound函数确定数组的下界和上界。
⑤ 数组作为参数传递,在过程中不允许再用Dim语句声明形参数组(重复声明),但如果是动态数组,可以用ReDim语句改变形参数组的维界,重新定义数组的大小。返回调用程序时,对应实参数组的维界也发生变化。

数组参数传递工作原理:数组(名)作实参,是将数组的首地址传递给形参数组,形参数组与实参数组共享同一连续存储单元,对形参数组的操作就是对实参数组的操作,形参数组(元素)的改变,就是对应实参数组(元素)的变化。

【例6-15】 调用函数,将数组每个元素(值)加其下标。

```
Sub Sfun(a(), n%)                    '数组作形参
    Dim i%
    For i = 0 To n
        a(i) = a(i) + i
    Next i
End Sub
Private Sub Form_Click()
    Dim x(), i%
    x = Array(1, 2, 3, 4, 5)
    Call Sfun(x(), 4)                '调用过程,数组作实参
    Print "调用后各个元素的值为:";
    For i = 0 To 4
        Print x(i);
    Next i
End Sub
```

运行结果:

调用后各个元素的值为: 1   3   5   7   9

分析:过程调用前,数组x分配存储单元如图6-7所示。调用过程Sfun(x(),

4),将实参数组 x 的首地址传递给形参数组 a,形参数组 a 与实参数组 x 共享相同的存储单元,如图 6-8 所示。对形参数组 a 元素的操作就是对实参数组 x 元素的操作,形参数组 a 元素的改变直接影响实参数组 x 元素的变化。

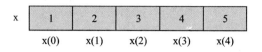

图 6-7　调用函数前数组 x(4) 存储单元

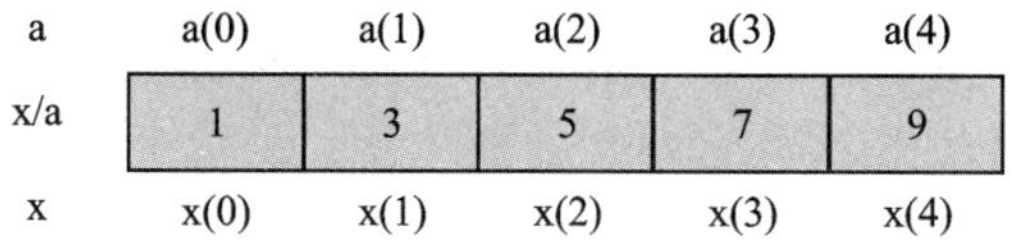

图 6-8　调用函数后实参数组 x 和形参数组 a 共享存储单元

【例 6-16】 调用函数过程,找出一组学生成绩中的最高成绩。

```
Function Fmax1(a())                    '数组作形参
    Dim i% ,m
    m = a(0)
    For i = 1 To UBound(a)              'UBound(a)确定数组的上界
        If a(i) > m Then m = a(i)
    Next i
    Fmax1 = m                           '最高成绩由函数过程名 Fmax1 返回
End Function
Private Sub Form_Click()
    Dim x(), i%, max
    x = Array(85, 90, 70, 95, 60)
    max = Fmax1(x())                    '调用函数过程,数组作实参
    Print "学生成绩为:";
    For i = 0 To UBound(x)
        Print x(i);
    Next i
    Print
    Print "学生成绩中的最高成绩为:"; max
End Sub
```

运行结果:

学生成绩为:85　90　70　95　60
学生成绩中的最高成绩为:95

分析:能否将程序中的 max=Fmax1(x())语句和 Print "学生成绩中的最高成绩为:"; max 语句合二为一,即 Print "学生成绩中的最高成绩为:"; Fmax1(x())? 在输出之前,调用函数过程 Fmax1(x()),再将返回最大值输出。

【例 6-17】 调用子过程,对学生成绩进行排序(升序)。

```
Private Sub Sort(y%())                  '排序子过程
```

```
        Dim i%, j%, k%
        For i = 0 To UBound(y) - 1
            k = i
            For j = k + 1 To UBound(y)
                If y(k) > y(j) Then k = j
            Next j
            t = y(i): y(i) = y(k): y(k) = t
        Next i
End Sub
Private Sub Input_arr(y() As Integer)      '数组赋值子过程
        Dim i%, n%
        n = Val(InputBox("请输入待排序学生成绩的个数:", "提示"))
        ReDim y(n - 1)                      '重新设置动态数组的大小
        For i = 0 To UBound(y)
            y(i) = Int(Rnd * 99) + 1
        Next i
End Sub
Private Sub Form_Click()
        Dim x%(), i%
        Call Input_arr(x())                 '调用数组赋值子过程
        Print "排序前:"
        For i = 0 To UBound(x)
            Print x(i);
        Next i
        Print
        Call Sort(x)                        '数组名(后可不加括号)作实参
        Print "排序后:"
        For i = 0 To UBound(x)
            Print x(i);
        Next i
End Sub
```

请输入待排序数据的个数:10
排序前:

70   53   58   29   30   77   2   76   81   71

排序后:

2   29   30   53   58   70   71   76   77   81

分析:优化程序,将程序中的两段数组元素输出循环定义为一个输出子过程。

6.4.5 对象参数传递

VB 中,不仅变量和数组可以作为过程调用的实参,而且还允许对象(窗体、控件等)作为实参传递给过程中的形参。经常利用对象参数传递完成对多个对象的统一的属性设置,以及类似的操作。

对象参数可以采用引用方式,也可以采用传递方式。

【例 6-18】 编写子过程,设置控件 Command1 的标题为"保存"或"添加",将控件 Command2~Command5 设置为"不可用"或"可用",如图 6-9 所示。

图 6-9 "对象参数传递"界面

过程代码如下:

```
Private Sub Obj_Ena(obj1 As Object, obj2 As Object, obj3 As Object, obj4 As Object, obj5 As Object)
    If obj1.Caption = "添加" Then
        obj1.Caption = "保存"
        obj2.Enabled = False : obj3.Enabled = False
        obj4.Enabled = False : obj5.Enabled = False
    Else
        obj1.Caption = "添加"
        obj2.Enabled = True : obj3.Enabled = True
        obj4.Enabled = True : obj5.Enabled = True
    End If
End Sub
Private Sub Command1_Click()
    Call Obj_Ena(Command1, Command2, Command3, Command4, Command5)
End Sub
```

【例 6-19】 改写[例 6-18]过程,完成控件属性设置及操作。

```
Private Sub Obj_Ena1(obj As Object)
    obj.Enabled = False
End Sub
Private Sub Obj_Ena2(obj As Object)
    obj.Enabled = True
End Sub
Private Sub Command1_Click()
    If Command1.Caption = "添加" Then
        For i = 0 To 3
            Call Obj_Ena1(Command2(i))
        Next i
        Command1.Caption = "保存"
    Else
        For i = 0 To 3
            Call Obj_Ena2(Command2(i))
        Next i
        Command1.Caption = "添加"
    End If
End Sub
```

思考：请自己分析两种方法的不同。

6.5 可选参数与可变参数

VB 过程调用时，还提供了可选参数与可变参数的传送方式。即调用过程时，可以向过程传送可选的参数或者任意数量的参数。本节简单介绍它们的使用方法。

6.5.1 可选参数

可选参数是指形参是固定的，实参是不固定的，实参可选择性地对应过程中的形参。

可选参数过程定义的一般形式：

Sub 过程名(变量1,变量2,…,Optional 变量a,Optional 变量b,…)

说明：可选参数是 Variant 类型，每个可选参数前必须使用 Optional 关键字，可选参数必须放在参数列表的最后。

【**例 6 – 20**】 定义一个有可选参数的子过程，实现信息选择性输出。

```
Private Sub StuPrn(xh, Optional xm, Optional zy, Optional rxcj)
    s = "学号:" & xh
    If Not IsMissing(xm) Then s = s & " 姓名:" & xm
    If Not IsMissing(zy) Then s = s & " 专业:" & zy
    If Not IsMissing(rxcj) Then s = s & " 成绩:" & rxcj
    Print s
End Sub
Private Sub Form_Resize()
    xh = "1001"
    xm = "张晓君"
    zy = "电子商务"
    rxcj = "500"
    Call StuPrn(xh, xm, zy)              '3个实参
    Call StuPrn(xh, xm, zy, rxcj)        '4个实参
End Sub
```

输出结果：

学号:1001　姓名:张晓君　专业:电子商务
学号:1001　姓名:张晓君　专业:电子商务　成绩:500

分析：在过程中，通过 IsMissing 函数测试是否向可选参数传送实参值。在调用过程时，如果没有向可选参数传送实参值，函数返回值为 True，否则返回值为 False。

6.5.2 可变参数

可变参数是针对调用数组而言，其中数组元素的个数是可变的。

可变参数过程定义的一般形式：

```
Sub 过程名(ParamArray 数组名)
```

说明：数组名参数是 Variant 类型；任何类型的实参都可以传给可变参数过程中的 Variant 类型的形参。

【例 6-21】 定义一个有可变参数的子过程，实现向该过程传递任意数量的参数，并输出这些参数。

```
Private Sub Sc(ParamArray s())
    For i = LBound(s) To UBound(s)
        Print s(i);
    Next i
    print
End Sub
Private Sub Form_Resize()
    Call Sc(11,21,31,41,51,61)
    Call Sc(11,21,31,41)
End Sub
```

输出结果：

11 21 31 41 51 61
11 21 31 41

分析：过程中的循环结构用如下循环结构代替可得到相同结果。

```
For Each x In s
    Print x;
Next x
```

6.6 过程的嵌套调用和递归调用

过程的嵌套调用和递归调用均是过程之间的调用，但递归调用强调自身过程的调用，而过程的嵌套调用是一个过程调用另一个过程。

6.6.1 过程的嵌套调用

在 VB 中，不允许过程嵌套定义（一个过程包含在另一个过程中），但允许过程的嵌套调用，即在一个过程中调用另一个过程，在另一个过程中还可以调用其他过程。下面通过三个函数过程之间调用的例子，了解一下过程嵌套调用的执行过程，如图 6-10 所示。

程序执行首先从主函数过程 main 开始，在函数过程 main 中调用函数过程 a，再在函数过程 a 中调用函数过程 b，函数过程 b 执行结束返回函数过程 a，继续执行函数过程 a 剩余部分，函数过程 a 执行结束返回函数过程 main，继续执行函数过程 main 剩余部分，直到结束。

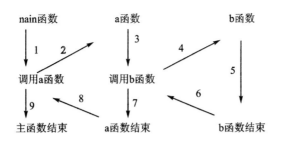

图 6-10 函数过程嵌套调用执行过程

6.6.2 过程的递归调用

过程的递归调用就是过程直接或间接的调用自己。过程在过程体内部直接调用自己，称为直接递归（调用）。过程在过程体内通过调用其他过程实现自我调用，称为间接递归（调用）。前面介绍的过程调用均是非递归调用。下面通过递归调用最典型的例子 n！运算，了解递归过程的执行过程。

【例 6-22】 编写递归函数过程，计算 n！。

基本思路：由算式 n！＝n＊(n－1)！、(n－1)！＝(n－1)＊(n－2)！、…、2！＝2＊1！、1！＝1，可将 n！定义为：

n＝1 时，n！＝1
n＞1 时，n！＝n＊(n－1)！

过程代码如下：

```
Public Function Myf(n%)
    If n = 1 Then
        Myf = 1
    Else
        Myf = n * Myf(n - 1)
    End If
End Function
Private Sub Command1_Click()
    Dim n%
    n = InputBox("请输入 n:", "计算阶乘")
    If n > 0 Then
        Print n & "! = " & Myf(n)
    Else
        MsgBox "输入数据错误!", vbOKOnly, "计算阶乘"
    End If
End Sub
```

输入：5
输出：5！＝120

递归函数 n！的调用、回归执行过程如图 6-11 所示。

【例 6-23】 编写递归函数过程，计算 x 的 y 次幂。

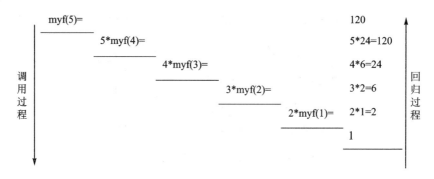

图 6－11　递归函数 n！的调用回归执行过程

基本思路：算法类似 n！，x 的 y 次幂相当于 x 与 y－1 个 x 相乘、x 的 y－1 次幂相当于 x 与 y－2 个 x 相乘，依次类推逐步展开，最后 x 相当于 x 与 x 的 0 次幂（1）相乘。

```
Public Function Myfxy(x%, y%)
    If y = 0 Then
        Myfxy = 1
    Else
        Myfxy = x * Myfxy(x, y - 1)
    End If
End Function
Private Sub Command1_Click()
    Dim x%, y%
    x = InputBox("请输入 x:", "提示")
    y = InputBox("请输入 y:", "提示")
    Print x & "的" & y & "次幂 = " & Myfxy(x, y)
End Sub
```

输入：x＝2，y＝5

输出：2 的 5 次幂＝32

6.7　Sub Main 过程

一个应用程序，一般包含主程序和完成其他功能被其调用执行的子程序（窗体、过程等）。主程序执行时，先执行一个特定的过程，对整个应用程序运行环境进行初始化设置。在 VB 中，这样的过程称为启动过程，命名为 Sub Main。

Sub Main 过程只能在标准模块中建立，一个工程可以含有多个标准模块，但 Sub Main 过程只能有一个。Sub Main 过程通常作为首先执行的启动过程编写的，但系统不能自动识别执行它，必须将其设置为启动过程才能执行。

设置 Sub Main 过程为启动过程步骤：

① 执行"工程"菜单中的"工程属性"命令，打开"工程属性"对话框，如图 6－12

所示。

② 在"通用"选项卡的"启动对象"下拉列表框中选择"Sub Main"。

③ 单击"确定"按钮,将 Sub Main 过程设置为启动过程。

Sub Main 过程结构:

```
Sub Main()
    '初始化内容
       ⋮
    Login.Show
End Sub
```

图 6-12 "工程属性"对话框

Sub Main 过程先进行初始化处理,然后显示应用程序的系统登录窗口。

6.8 过程的作用域与变量的作用域

VB 应用程序由若干窗体模块(.frm)或标准模块组成,每个模块又包含若干个过程,每个过程又包含若干不可少的变量。一个过程、变量随所定义的位置以及定义关键字的不同,其可被访问的范围也就不同。过程被访问的范围称为过程的作用域,变量被访问的范围称为变量的作用域。

6.8.1 过程的作用域

过程的作用域分为:窗体/模块级和全局级。

① 窗体/模块级:使用 Private 关键字声明的过程为窗体/模块级过程,该过程只能被所在模块中过程调用。

② 全局级:使用 Public 关键字声明的过程称为全局级过程,该过程可被程序中所有模块的过程调用。

注:在窗体或标准模块中定义的过程(无 Private 或 Public),默认是全局的。在窗体中定义的全局过程,外部过程调用时,必须在过程名前加该过程所属的窗体名;在标准模块中定义的全局过程,外部过程均可调用,但过程名必须唯一,否则要加所属模块名。

【例 6-24】 在工程中创建窗体 Form1 和 Form2,单击 Form1 上的 Command1 命令按钮和 Command2 命令按钮,分析下面过程之间能否正常调用执行。

在 Form1 中创建:

```
Private Sub Command1_Click()
    Call fun1a()
    Call fun1b()
    Call fun1c()
```

```
        Call Form2.fun2b()
        Call Form2.fun2c()
    End Sub
    Private Sub Command2_Click()
        Call Form2.fun2a()
    End Sub
    Private Sub fun1a()
        Print "Form1:Private Sub fun1a 过程!"
    End Sub
    Public Sub fun1b()
        Print "Form1:Public Sub fun1b 过程!"
    End Sub
    Sub fun1c()
        Print "Form1:Sub fun1c 过程(默认全局)!"
    End Sub
```

在 Form2 中创建：

```
    Private Sub fun2a()
        Form1.Print "Form2:Private Sub fun2a 过程!"
    End Sub
    Public Sub fun2b()
        Form1.Print "Form2:Public Sub fun2b 过程!"
    End Sub
    Sub fun2c()
        Form1.Print "Form2:Sub fun2c 过程(默认全局)!"
    End Sub
```

分析：单击 Form1 上的 Command1 命令按钮，5 个子过程调用均能正常进行。单击 Form1 上的 Command2 命令按钮，将弹出提示编译错误信息(未找到方法或数据成员)。错误提示主要是因为被调用过程 fun2a 使用了 Private 关键字(窗体级过程)，此过程只能在 Form2 中被调用。

6.8.2 变量的作用域

变量可被调用或访问的范围称为变量的作用域。VB 中，变量的作用域分为过程级变量(又称局部变量)、模块级变量和全局级变量(又称全局变量)。

1. 过程级变量

过程级变量是只能在一个过程中访问的变量，其他过程不能访问此变量。在过程中，用 Dim 语句或 Static 语句定义过程级变量。

① 使用 Dim 语句声明的过程级变量，随过程的每次调用而分配存储单元，并对其进行初始化(重新为该变量赋一个初始值)，在过程体内进行数据的存取操作，其占用存储单元在过程结束后被释放，其内容自动丢失。不同过程中用 Dim 声明定义的变量可以同名。

② 使用 Static 语句声明的过程级变量(又称为静态变量)，在过程第一次调用时

被创建和初始化,其存储单元在过程调用结束后不释放,变量保留原值,再次调用时是在保留原值基础上进行操作。

用 Static 声明的形式如下:

Static 变量名[As 类型]

Static Function 函数名([形参列表])[As ＜类型＞]

Static Sub 过程名([形参列表])

说明:函数名或过程名前加 Static,表示该函数或过程内的局部变量都是静态变量。

2. 模块级变量

模块级变量是指在模块的通用声明部分使用 Dim 语句或 Private 语句声明的变量。它只能被本模块中的任意过程访问,其他模块不能访问该变量。

3. 全局级变量

全局级变量是指可以被应用程序的任意过程访问的变量。全局级变量在模块的通用声明部分使用 Public 语句声明定义。全局级变量的值在整个应用程序执行结束前不会丢失。

4. 三种变量的比较

① 过程级变量的作用域是声明变量所在的过程,通常用于保存临时数据,利于程序的通用和调试,使程序安全性更高。

② 模块级变量的作用域是声明变量所在的模块,因此,使用模块级变量主要解决多个事件过程、过程间数据的共享,但程序调试难度增大。

③ 全局级变量的作用域是整个应用程序,通用于任何过程,其占用的存储单元直到程序结束才被释放。使用全局变量,增加了过程之间数据联系的渠道(表面上简化了编程,不再考虑过程的参数定义和参数的传递方式),但是却影响了过程的独立性和可靠性,不利于结构化程序的调试。因此,在程序设计时,除非必要,否则不要使用全局级变量。

注:在一个过程中既可以使用本过程中定义的局部变量,又可以使用有效的模块级变量和全局级变量。如果在同一个程序中,全局变量与模块级变量或局部变量同名,则在局部变量(或模块级变量)的作用范围内,模块级变量(或全局变量)被"屏蔽",即它不起作用,此时局部变量是有效的。

【例 6-25】 连续单击窗体 3 次,分析定义变量的区别。

```
Public n%                    '定义全局变量 n,作为单击窗体次数的计数器
Private Sub Form_Click()
    Dim x%                   '定义变量 x,每次重新初始化为 0
    Static y%                '定义静态存储变量 y
    n = n + 1                '计数器 +1,其值为 1、2、3
    x = x + 1                '每次均为 x = 0 + 1
    y = y + 1                '3 次单击,分别为 y = 0 + 1、y = 1 + 1、y = 2 + 1
    Print "第" & n & "次单击窗体,x = " x & ",y = " & y
```

End Sub

运行结果：

第 1 次单击窗体，x = 1, y = 1
第 2 次单击窗体，x = 1, y = 2
第 3 次单击窗体，x = 1, y = 3

分析：程序中定义了 3 个变量，1 个全局变量、2 个过程级变量，其中 y 为静态变量。3 个变量在程序执行中的作用和区别参见程序中的语句注释。

【**例 6 - 26**】 分析程序输出结果及变量的作用域。

```
Private Function myfun(x % )
    Static y %                          '定义静态存储变量
    If y = 0 Then y = 1
    y = y * x
    myfun = y
End Function
Private Sub Form_Click()
    Dim i %
    For i = 1 To 4
        Print myfun(i);
    Next i
End Sub
```

运行结果：

1   2   6   24

分析：定义的静态变量 y，除第一次调用初始化外，以后每次调用函数时不再重新赋初值，而是在保留上次函数调用结束时的值的基础上进行计算操作。

本章小结

在 VB 语言中，程序是以过程的形式体现的。一个 VB 程序是由多个模块过程构成的，无论是系统提供的标准内部函数，还是用户根据需要自己定义的过程，都完成特定的功能。

过程只有通过调用才能执行，过程间的数据传递分为传值方式、传址方式、全局变量传递和函数返回值。传值方式是单方向值传递，实参和形参各自占用独立的存储单元，形参的变化不影响实参。传址方式是将实参的地址传递给形参，它们共享同一组存储单元，形参的变化直接影响实参。全局变量实现了在多个模块过程中使用同一变量存储单元，变量的变化在这些过程中都起作用。函数名只能返回一个函数值，返回函数值的类型由函数类型决定。

过程允许嵌套调用，但不允许嵌套定义。

递归调用就是函数直接或间接调用自身。

习题 6

1. 子过程与函数过程有何异同点?
2. 事件过程有何特点?
3. 通用过程写在什么模块中?
4. 过程调用,参数有几种传递方式?各有何特点?
5. 编写程序:

(1)编写过程,实现数组 a 与数组 b 对应元素相加放入数组 c 中。

(2)随机产生 10 个 40~90(包括 40,90)之间的正整数;编写函数计算平均值;编写函数查找最大值。

(3)用递归函数计算斐波那契数列 0、1、1、2、3、5、8、…的前 n 项。

(4)编写函数,计算圆的周长和面积,周长通过函数返回主函数,面积由参数传递给主函数。

(5)编写子过程,将字符串中小写字母转换成大写字母。

(6)编写函数,删除一维数组中所有相同的数,只保留一个。数组已经排序,函数返回删除后数组中数据的个数。

第 7 章 用户界面设计

学习导读

案例导入

"高校奖学金综合测评管理系统"同其他应用系统一样,其丰富的用户界面由各个窗体(控件)、系统菜单和工具栏等构成。应用系统在功能实现的基础上,操作便捷、友好的系统功能交互界面设计和包装显得更为重要。

知识要点

窗体、控件、菜单、工具栏、状态栏构成应用程序丰富的用户界面,鼠标和键盘是应用程序操作的主要工具,其事件过程响应完成用户操作的特定功能。本章主要介绍窗体、常用控件、ActiveX 控件、菜单、工具栏、状态栏、对话框、鼠标和键盘在应用程序中的应用。

学习目标

- 熟练掌握窗体属性、方法和事件的应用;
- 熟练掌握常用控件属性、方法和事件的应用;
- 熟练掌握最基本 ActiveX 控件属性、方法和事件的应用;
- 熟练掌握菜单、工具栏和状态栏的创建和应用;
- 熟练掌握对话框的设计和应用;
- 熟练掌握鼠标和键盘操作事件。

7.1 窗 体

VB 窗体及其结构、添加删除、主要属性、主要方法和主要事件已在第 2 章作了简单介绍,本节将详细介绍 VB 窗体的类型、窗体的加载与卸载、窗体的主要方法、窗体的主要事件、窗体的生命周期和 MDI 窗体等用户界面设计所涉及的重要内容。

7.1.1 窗体类型

在应用程序中,应根据不同的需求,设计不同类型的用户窗体界面。根据窗体的显示状态,窗体可分为模式窗体和无模式窗体。根据窗体的功能,窗体可分为 SDI 窗体和 MDI 窗体。

1. 模式窗体和无模式窗体

两种窗体只在显示时存在差别。当使用 Show 方法显示窗体时,Modal 参数设置为 1 或 vbModal,则被显示的窗体为模式窗体,否则所显示的窗体为无模式窗体。

如果多个窗体都以无模式状态显示,单击任何一个窗体,该窗体将显示于屏幕的最上面而成为当前窗体。若最新显示的是模式窗体,则该窗体为当前窗体,其他窗体处于不可用状态。只有模式窗体被隐藏或卸载时,其他窗体才恢复原来的可用状态。

2. SDI 窗体和 MDI 窗体

SDI(Single Document Interface,单文档界面)窗体是指显示的多个窗口中,每一个窗口都可以独立地进行最大化或最小化操作,其界面如图 7-1 所示。

MDI(Multiple Document Interface,多文档界面)窗体,是指一个包含多个子窗体的父窗体(主窗体)。由 MDI 窗体创建的应用程序由 MDI 主窗体和 MDI 子窗体构成,其界面如图 7-2 所示。MDI 主窗体是子窗体的容器,它集成了子窗体所共有的界面元素,如工具栏、状态栏等。子窗体随主窗体最小化而最小化,只有主窗体的图标显示在任务栏中。

图 7-1　SDI 窗体

图 7-2　MDI 窗体

7.1.2　设置多窗体应用程序的启动对象

在拥有多个窗体的应用程序中,要有一个开始窗体作为启动对象。在缺省情况下,系统默认原缺省名为 Form1 的窗体为启动对象,所有程序运行时,首先显示的是窗体 Form1。当设置 Main 子过程时,不仅可以设置窗体为启动对象,还可以设置 Main 过程为启动对象。如果启动对象是 Main 子过程,则程序启动时不加载任何窗体,以后由该过程根据不同情况决定是否加载。

如果指定其他窗体为启动对象,应执行"工程"菜单中的"属性"命令,如图 7-3 所示。

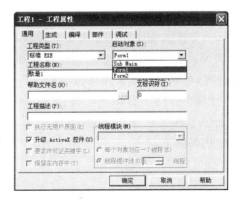

图 7-3　"工程属性"对话框

7.1.3 窗体的加载与卸载

在 VB 多窗体应用程序中,经常需要用 Load 和 Unload 语句对窗体进行加载或卸载。

1. 利用 Load 语句加载窗体

Load 语句用于将一个窗体加载到内存。其形式如下:

Load <窗体名>

说明:窗体加载到内存后,窗体及其控件是不可见的,但可以引用窗体中的控件及其各种属性。如果显示窗体,需使用 Show 方法,如 Show. <窗体名>。

2. 利用 UnLoad 语句卸载窗体

加载窗体需要占用内存,当某些窗体不再使用时,可以使用 UnLoad 语句及时卸载。其形式如下:

UnLoad <窗体名>

说明:窗体从内存被卸载后,窗体上的控件及属性不能再被引用,但设计时放到窗体上的控件保持不变。

例如,卸载 Form1 窗体,代码如下:

```
Private Sub Command1_Click()
    Unload Form1            '或 Unload Me
End Sub
```

注:Me 是系统保留字,表示当前窗体。

7.1.4 窗体的主要方法

1. 利用 Show 方法显示窗体

Show 方法用于显示窗体。其形式如下:

<窗体名>.Show[<模式>][,<父窗体>]

说明:① 窗体名,是一个窗体对象,Form 或 MDIForm。② 模式,0(默认)表示窗体为无模式窗体,1 表示窗体为模式窗体。③ 父窗体,指定窗体的父窗体,使用关键字 Me。不管父窗体是否为活动窗体,窗体总位于父窗体前。当关闭或最小化父窗体时,窗体也随之关闭或最小化。

【**例 7 - 1**】 设计一个窗体 Form1,使用 Show 方法,以无模式状态显示窗体 Form2,以模式状态显示窗体 Form3。

代码如下:

```
Private Sub Command1_Click()
    Form2.Show 0            '显示无模式窗体
End Sub
Private Sub Command2_Click()
    Form3.Show 1            '显示模式窗体
End Sub
```

分析：显示无模式窗体，不用关闭窗体 Form2，即可在 Form1 和 Form2 之间进行切换操作；显示模式窗体，只有关闭窗体 Form3 后才能对窗体 Form1 进行操作。

2. 利用 Hide 方法隐藏窗体

Hide 方法用于隐藏显示在屏幕上的窗体。其形式如下：

＜窗体名＞.Hide

说明：① 隐藏窗体只是将其 Visual 属性设置为 False。② 隐藏窗体不是将其卸载。虽然用户不能访问该窗体上的控件，但可以使用语句访问隐藏窗体上的控件。③ 如果利用 Hide 方法隐藏还没有被加载的窗体，窗体将被加载，但该窗体不显示。

【**例 7-2**】 设计一个窗体 Form1，使用 Show 方法调用显示窗体 Form2，同时隐藏窗体本身。

代码如下：

```
Private Sub Command1_Click()
    Form2.Show            '显示窗体 Form2
    Form1.Hide            '隐藏窗体 Form1 本身
End Sub
```

3. 利用 Move 方法移动窗体

Move 方法用于移动窗体，同时可以改变其大小。其形式如下：

[＜窗体名＞].Move ＜左边距＞[,＜上边距＞,＜宽度＞,＜高度＞]

说明：① 省略窗体名，带有焦点的窗体默认为移动窗体。② 左边距是必选的，上边距、宽度和高度是可选的。

Move 方法的设置如图 7-4 所示。

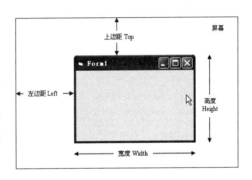

图 7-4 Move 方法设置

7.1.5 窗体的主要事件

1. Click 事件

Click 事件是用户单击窗体的空白区域时所触发的单击事件。通过鼠标的左键、中键和右键都可以触发单击事件。

【**例 7-3**】 设计一个窗体 Form1，单击窗体改变窗体的背景颜色。

```
Private Sub Form_Click()
    Me.BackColor = RGB(100,200,200)
End Sub
```

2. DblClick 事件

DblClick 事件是用户双击窗体的空白区域时所触发的双击事件。当双击窗体中被禁用的控件或空白区域时，DblClick 事件也会被触发。

说明：如果 Click 事件过程中有代码，DblClick 事件永远不会被触发。

3. Initialize 事件

利用 Initialize 事件实现窗体的初始化，就是当应用程序创建 Form 或 MDIForm 时发生的事件。

说明：一般在编程时，将窗体属性设置的初始化代码写入到 Initialize 事件过程中。

【例7-4】 使用 Initialize 事件实现窗体标题的初始化和窗体最大化操作。

```
Private Sub Form_Initialize()
    Me.Caption = "高校奖学金综合测评管理系统 V1.0"
    Me.WindowState = 2                  '窗体最大化显示
End Sub
```

4. Load 事件

Load 事件即窗体的加载事件，当窗体被调入内存并显示在屏幕上时发生。

说明：① 通常 Load 事件过程用来包含一个窗体的启动代码，例如指定控件默认设置值，指定将要装入组合框 ComboBox 或列表框 ListBox 控件中的内容，初始化窗体或变量。② Load 事件发生在 Initialize 事件之后。

【例7-5】 使用 Load 事件将班级添加到组合框中。

```
Private Sub Form_Load()
    Combo1.AddItem "信管 1501"
    Combo1.AddItem "物流 1701"
    Combo1.AddItem "物流 1702"
End Sub
```

5. UnLoad 事件

利用 UnLoad 语句或窗体控制菜单中的 Close 命令关闭窗体时，触发 UnLoad 事件。

UnLoad 事件过程形式如下：

```
Private Sub Form_Unload(Cancel As Integer)
    ...
End Sub
```

说明：在窗体被卸载时，可利用 UnLoad 事件过程确认窗体是否应被卸载或用来指定想要发生的操作。其中 Cancel 参数，用来确定窗体是否从屏幕中删除。如果为 0，则窗体被删除，否则禁止删除。

【例7-6】 利用 UnLoad 事件确认是否退出系统。

代码如下：

```
Private Sub Form_Unload(Cancel As Integer)
    Dim yn
    yn = MsgBox("确认要退出系统吗?",33,"高校奖学金综合测评管理系统 V1.0"
```

```
        If yn = vbOK Then
            End
        End If
End Sub
```

6. Paint/Resize 事件

Paint/Resize 事件就是当窗体第一次显示或窗体大小改变时（最大化、最小化、还原等），触发该事件。

说明：利用 Paint 事件或 Resize 事件，可以在窗体的状态发生变化时实现重绘或改变窗体中的控件大小或位置。

【例 7-7】 利用 Paint 事件或 Resize 事件，实现窗体中的控件位置随窗体状态的改变而改变，如图 7-5 和图 7-6 所示。

```
Private Sub Form_Paint()
    Label1.Left = Me.Width / 2 - Label1.Width / 2
    Label1.Top = Me.Height / 2 - Label1.Height
End Sub
Private Sub Form_Resize()
    Label1.Left = Me.Width / 2 - Label1.Width / 2
    Label1.Top = Me.Height / 2 - Label1.Height
End Sub
```

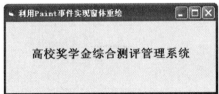

图 7-5 窗体启动后效果　　　图 7-6 改变窗体大小后效果

7. GotFocus/LostFocus 事件

当窗体成为当前焦点时触发 GotFocus 事件。当窗体失去当前焦点时发生 LostFocus 事件。文本框等控件对象也包含 GotFocus/LostFocus 事件。LostFocus 事件在 Deactivate 事件之前发生。

8. Activate/Deactivate 事件

当窗体变为激活的当前窗口时触发 Activate 事件。当窗体失去激活状态，即其他窗体成为当前窗口时触发 Deactivate 事件。

【例 7-8】 检验在文本框中输入的成绩是否在 0～100 之间，如图 7-7 所示。

图 7-7 LostFocus 事件

代码如下:

```
Private Sub Text1_LostFocus()
    If Val(Text1.Text) < 0 Or Val(Text1.Text) > 100 Then
        MsgBox "无效的成绩!", 48, "警告"
        Text1.SetFocus
    End If
End Sub
```

7.1.6　窗体的生命周期(窗体事件的发生次序)

了解窗体事件触发的时机和次序,是设计、编写事件过程进行恰当操作的关键。

1. 启动窗体

在运行一个 Visual Basic 程序时,瞬间发生 Initialize 事件、Load 事件和 Activate 事件,发生的次序如图 7-8 所示。

注:窗体的 Initialize 和 Load 事件都是发生在窗体被显示之前。

2. 运行窗体

在窗体启动以后,窗体获得焦点(窗体上无可获焦点的控件),触发 GotFocus 事件,窗体成为当前活动窗体。如果窗体变成非活动窗体时,则先触发 LostFocus 事件(失去焦点),然后触发 Deactivate 事件。当该窗体再次成为活动窗体时,触发 Activate 事件。

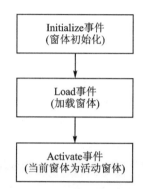

图 7-8　窗体启动事件的触发次序

注:Visual Basic 程序在执行时会自动装载启动窗体。使用 Show 方法显示窗体时,如果窗体尚未载入内存,则首先将其载入内存,并触发 Load 事件。若想将窗体载入内存,但不显示,可利用 Load 语句实现。

3. 卸载窗体

窗体卸载时,首先触发 QueryUnload 事件,然后 Unload 事件发生,最后触发 Terminate 事件。至此,窗体的一个生命周期完成。卸载窗体的一般次序如图 7-9 所示。

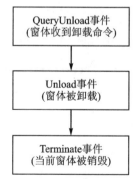

图 7-9　窗体卸载事件的触发次序

注:调用 Hide 方法仅仅是将窗体暂时隐藏,与卸载是有区别的。卸载是将窗体上的所有属性恢复为初始值,同时引发窗体的卸载事件。如果卸载的窗体是工程的唯一窗体,将终止程序。

在 Windows 下,关闭窗体结束程序运行,并从内存中卸载窗体,主要有如下三种方法：① 使用菜单中的"关闭"命令；② 单击窗体上的"关闭"按钮；③ 通过执行程序中的 End 语句。

7.2　常用控件

控件是 Visual Basic 开发环境中最重要的组成部分，是 Visual Basic 编程思想中事件驱动机制的载体。Visual Basic 应用程序的交互界面就是由许多控件组成的。通常情况下，工具箱中存放 20 个基本控件，但高级或特殊的控件需要单独添加到工具箱中。

7.2.1　控件概述

1. 控件的作用

控件的作用在于将固有的功能封装起来，只留出一些属性、方法和事件作为应用程序编写的接口，程序员必须了解这些属性、方法和事件，才能编写程序实现相应的功能操作。Visual Basic 程序目标的实现，就是窗体中每个控件的属性、方法和事件的实现。

2. 控件与对象的关系

Visual Basic 开发环境中的控件实际是一个控件类。当一个控件被放置到窗体上时，就创建了该类控件的一个对象。当进入到运行模式时，就生成了控件运行时的对象。在设计模式下，就生成一个设计时的对象。

3. 控件的属性、方法和事件

控件的属性类似窗体的属性，其外观主要由属性决定。大部分属性可以通过属性窗口或代码进行设置。控件的属性可分为通用属性和专有属性。Name 属性是所有控件都具有的，是控件对象的名称。系统为每个属性提供了默认值，用户可以根据需要重新设置某些属性。

控件的方法是某些规定好的、用于完成某种特定功能的特殊过程，只能在代码中使用。Print 方法用于显示文本内容、Show 方法用于显示窗体等。

控件的事件是指能够被控件对象识别的一系列特定的动作，如 Click 单击事件。事件多数由用户激活，也能够被系统激活（定时器事件）。

7.2.2　控件的分类

在 Visual Basic 中，控件主要分为标准内部控件和 ActiveX 控件两种。

1. 标准内部控件

标准内部控件又称为常用控件，就是初始状态下工具箱中所包含的 20 个控件。标准内部控件是 Visual Basic 的基础控件，几乎所有应用程序都会用到这些控件。

2. ActiveX 控件

在 Visual Basic 中,可以使用称为 ActiveX 控件的由微软公司等开发提供的许多软件组件进行应用程序设计。ActiveX 控件是扩展名为.OCX 的独立文件,通常放在 Windows 系统盘的 System 或 System32 目录下。如果使用 ActiveX 控件,应将其添加到工具箱中。

7.2.3 控件的相关操作

控件的相关操作主要包括添加、对齐、调整顺序、锁定、删除和恢复被删除控件等基本操作。

1. 添加控件

向窗体添加控件分为在窗体上添加单个控件和添加多个控件(按住 Ctrl 键)两种情况。

2. 对齐控件

在设计窗体界面时,对齐排列同类控件非常必要。

对齐排列控件主要有如下两种方法:

- 在属性窗口中设置 Left、Top 等属性对齐排列控件;
- 使用窗体编辑器设置控件对齐。

3. 调整控件前后顺序

在设计窗体界面时,可以根据实际需要设置控件在窗体上摆放的前后顺序。

设置控件的前后顺序主要有如下两种方法:

- 使用窗体编辑器来实现;
- 通过程序代码来实现。

4. 锁定控件

在设计窗体界面时,可以将窗体上设计好的控件锁定,防止在设计时随意移动控件或改变控件的大小。锁定窗体中控件的主要方法:执行"格式"菜单中的"锁定"命令。

5. 删除控件

选择所要删除的控件,直接按下键盘<Delete>命令,或者执行右键快捷菜单中的"删除"命令,即可删除所选择的控件。

7.2.4 单选按钮、复选框和框架

1. 单选按钮(OptionButton)

单选按钮必须以组的形式出现,只允许选择一项。当某一项被选定后,其他选项自动变成未选状态。

单选按钮的主要属性:

- Caption 属性,按钮上显示的文本;

- Value 属性，表示单选按钮的状态，True 表示被选定，False 表示未被选定（默认）。

单选按钮的主要事件是 Click 事件，单击后使 Value 属性为 True。

2. 复选框（CheckBox）

复选框列出了可供用户选择的选项，用户根据需要选定其中的一项或多项。

复选框的主要属性：

- Caption 属性，复选框上显示的文本；
- Value 属性，表示复选框的状态，有

    0—vbUnchecked　　未选定（默认）

    1—vbChecked　　　被选定

    2—vbGrayed　　　　灰色，并显示一个选中标记。

复选框的主要事件是 Click 事件，单击后，复选框自动改变状态。

3. 框架（Frame）

Frame 控件用于为控件提供可标识的分组（按功能），同时让窗体界面更加整齐有序。

框架的主要属性：

- Caption 属性，框架上显示的文本；
- BorderStyle 属性，设置框架是否有边线，有

    0—无边线

    1—有边线（默认）

【例 7-9】 通过单选按钮和复选框设置文本框的字体和大小，如图 7-10 所示。

```
Private Sub Check1_Click()
    Text1.Font.Bold = Not Text1.Font.Bold
End Sub
Private Sub Check2_Click()
    Text1.Font.Italic = Not Text1.Font.Italic
End Sub
Private Sub Option1_Click()
    Text1.Font.Name = "宋体"
End Sub
Private Sub Option2_Click()
    Text1.Font.Name = "黑体"
End Sub
Private Sub Option3_Click()
    Text1.Font.Name = "楷体_GB2312"
End Sub
Private Sub Option4_Click()
    Text1.Font.Size = Option4.Caption
End Sub
Private Sub Option5_Click()
    Text1.Font.Size = Option5.Caption
```

图 7-10　单选按钮、复选框和框架应用

```
End Sub
Private Sub Option6_Click()
    Text1.Font.Size = Option6.Caption
End Sub
```

7.2.5 列表框和组合框

列表框和组合框控件都是通过列表的形式显示多个项目,供用户选择,实现交互。列表框和组合框的实质是一维字符串数组的使用。

1. 列表框(ListBox)

列表框可显示多个选项供用户选择,不能直接修改其中的内容。

列表框的主要属性:

- List,是一个集合,如图 7-11 所示;
- ListIndex,选项的序号(从 0 开始);
- ListCount,项目数量;
- Sorted,排序;
- Text,被选定的文本内容。

如图 7-12 所示,选定"C/C++程序设计",则

```
List1.ListIndex = 4
List1.ListCount = 7
List1.Sorted = False
List1.Text 为"C/C++程序设计"
```

图 7-11 列表框 List 属性设置

图 7-12 列表框控件

说明:① List1.List(List1.ListIndex)与 List1.Text 等价,均为"C/C++程序设计"。② 如果列表框中项目总数超过可显示的项目数,则会在 ListBox 控件上自动添加滚动条。③ 设置列表框 List 属性时,每输入完一项后,按<Ctrl>+<Enter>组

合键换行。④ 允许同时选择多个列表框项目。

列表框的主要方法：

- AddItem 方法，把一个项目加入到列表框中

  形式：

  > 列表框对象.AddItem 项目字符串［,索引值］

  说明：索引值，决定新增项在列表中的位置，如果省略，则新增项目添加在最后。

- RemoveItem 方法，删除列表框中指定的一个项目

  形式：

  > 列表框对象.RemoveItem 索引值

- Clear，清除列表框中所有项目

  形式：

  > 列表框对象.Clear

列表框的主要事件：

- Click 事件；
- DblClick 事件。

【例 7 – 10】 设计编写学生选修课程的程序，如图 7 – 13 所示。

要求：在 Form_Load 事件中利用 AddItem 方法实现对选修课程列表框添加课程。

① "选择"按钮，将选修课程添加到学生所选课程列表中。

② "删除"按钮，删除学生所选课程列表中某一门课程。

③ "清除"按钮，清除学生所选的全部课程。

图 7 – 13 列表框应用

④ "选择"按钮和"删除"按钮，只有选定相应列表框中某门课程时方可启用。如果学生未选修任何课程，禁用"清除"按钮。

```
Private Sub Form_Load()
    List1.AddItem "高等数学"
    List1.AddItem "英语"
    List1.AddItem "VB与数据库应用"
    List1.AddItem "管理学"
    List1.AddItem "C/C++程序设计"
    List1.AddItem "数据库原理及应用"
    List1.AddItem "西方经济学"
    CmdAddItem.Enabled = False          '禁用选择按钮
    CmdRemoveItem.Enabled = False       '禁用删除按钮
    CmdClearItem.Enabled = False        '禁用清除按钮
```

```
End Sub
Private Sub List1_Click()              '选中选修课程列表中某门课,启用选择按钮
    CmdAddItem.Enabled = List1.ListIndex <> -1
End Sub
Private Sub List2_Click()              '选中学生所选课程列表中某门课,启用选择按钮
    CmdRemoveItem.Enabled = List1.ListIndex <> -1
End Sub
Private Sub CmdAddItem_Click()
    List2.AddItem List1.Text           '选择添加所选的课程
    CmdClearItem.Enabled = (List2.ListCount <> 0)  '选修了课程,启用清除按钮
End Sub
Private Sub CmdRemoveItem_Click()
    List2.RemoveItem List2.ListIndex   '删除所选的课程
    '若未选修任何课程,禁用删除和清除按钮
    CmdRemoveItem.Enabled = (List2.ListIndex <> -1)
    CmdClearItem.Enabled = (List2.ListCount <> 0)
End Sub
Private Sub CmdClearItem_Click()
    List2.Clear                        '清除学生所选的全部课程
    CmdClearItem.Enabled = False       '禁用清除按钮
End Sub
```

2. 组合框(ComboBox)

组合框是兼有文本框和列表框功能特性而形成的一种控件。它允许用户在文本框中输入内容,也允许用户在列表框中选择项目,被选中的项目同时在文本框中显示。

组合框的属性、方法和事件与列表框基本相同。组合框通过 Style 属性设置,有三种不同风格显示形式,如图 7-14 所示。

Style 属性:① Style 属性设置为 0(默认)时,表示为下拉式组合框形式,它由 1 个文本框和 1 个下拉列表框组成,可以从下拉列表框中选择或在文本框中输入不在列表框中的选项。② Style 属性设置为 1 时,表示为简单组合框形式,它由 1 个文本框和 1 个不能以下拉形式显示的列表框组成,可以从列表框中选择或在文本框中输入不在列表框中的选项。③ Style 属性设置为 2 时,表示为下拉式列表框形式,没有文本框,不能输入,只能从下拉列表框中选择。

说明:组合框只允许选择一个项目。

【例 7-11】 编写一个使用屏幕字体、字号的程序,如图 7-15 所示。

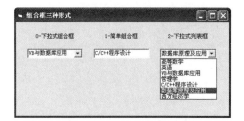

图 7-14 组合框三种形式

图 7-15 组合框应用

```
Private Sub Form_Load()
    For i = 0 To Screen.FontCount - 1          '将字体添加到组合框
        Combo1.AddItem Screen.Fonts(i)
    Next i
    For i = 6 To 40 Step 2
        Combo2.AddItem i
    Next i
End Sub
Private Sub Combo2_KeyPress(KeyAscii As Integer)    '在组合框输入字号
    If KeyAscii = 13 Then
        Label4.FontSize = Combo2.Text
    End If
End Sub
Private Sub Combo1_Click()      '在组合框选中字体,标签的字体相应改变
    Label4.FontName = Combo1.Text
End Sub
Private Sub Combo2_Click()      '在组合框选中字号,标签的字号相应改变
    Label4.FontSize = Combo2.Text
End Sub
```

7.2.6 滚动条和定时器

1. 滚动条(ScrollBar)

滚动条是 Windows 应用程序中一个很重要的控件,通常附在窗体上协助观察数据或确定位置,也可以用来作为数据输入的工具,提供某一范围内的数值供用户选择。滚动条有水平滚动条(HScrollBar)和垂直滚动条(VScrollBar)两种。

滚动条控件的主要属性:

- Value 属性,用于设置滑块当前位置。
- Max 和 Min 属性,设置滚动条的最大值和最小值。
- SmallChange 和 LargeChange 属性,最小变动值和最大变动值,即单击箭头时滑块移动的增量值和单击空白处时滑块移动的增量值。

滚动条控件的主要事件:

- Change 事件,滑块位置发生变化时,即 Value 属性值发生变化时,触发该事件。
- Scroll 事件,仅当拖动滑块时,触发该事件。

注:单击滚动条两端箭头或滚动条空白处时,不触发 Scroll 事件。

【例 7 - 12】 拖动滚动条实现图形形状、大小的变化,如图 7 - 16 所示。

```
Private Sub HScroll1_Change()
    Shape1.Width = HScroll1.Value
End Sub
```

图 7 - 16 滚动条应用

```
Private Sub VScroll1_Change()
    Shape1.Height = VScroll1.Value
End Sub
```

2. 定时器(Timer)

定时器控件通过属性或代码的设置,实现每隔一段时间有规律地完成相应的操作。

定时器主要的属性:

- Interval 属性,指定定时器事件之间的时间间隔,取值范围为 0～64 767 ms。
- Enabled 属性,定时器控件是否可用。

定时器的主要属性:

定时器控件只有 Timer 事件。当 Enabled 属性值为 True 且 Interval 属性值大于 0 时,触发该事件(定时执行操作)。

说明:定时器控件在运行时不显示。

【例 7 - 13】 设计一个定时器,间隔 1 s 显示系统时钟,如图 7 - 17 所示。

代码如下:

```
Private Sub Timer1_Timer()
    Label1.Caption = Now
    Text1.Text = Time
End Sub
```

图 7 - 17 定时器应用

说明:本例中,定时器 Interval 属性设置为 1 000(1 s)。

7.3 ActiveX 控件

ActiveX 控件是 Visual Basic 工具箱的扩充,只需通过"部件"对话框就可以向工具箱添加所需要的 ActiveX 控件。本节主要对 ActiveX 控件中的 ListView 控件、TreeView 控件、ImageList 控件、SStab 控件、ProgressBar 控件和 DTPicker 控件的使用进行简单介绍。

7.3.1 ListView 控件的应用

ListView 控件的功能与 ListBox 控件的功能类似,但比 ListBox 控件更加强大。在使用前,应执行"工程"菜单中的"部件"命令,在弹出的对话框中选择"Microsoft Windows Common Controls 6.0(SP6)"复选框,将其添加到工具箱中。

ListView 控件有 4 种显示模式:

- 图标,每个 ListItem 对象由标准的图标和文本标签来表示。
- 小图标,每个 ListItem 对象由小图标及右侧的文本标签来表示,项目水平排列。

- 列表，每个 ListItem 对象由小图标及右侧的文本标签来表示，项目垂直排列。
- 报表，每个 ListItem 对象显示为小图标和文本标签，可在子项目中提供关于每个 ListItem 对象的附加信息。

说明：ListView 控件的 4 种显示模式可以通过设置 View 属性来实现，属性值 0~3 分别代表上述 4 种显示模式。

1. ListView 控件的主要属性

（1）TextBackground 属性

该属性值决定 ListItem 对象的背景是否透明显示。0 表示文本的背景是透明的，1 与 BackColor 属性相同。

（2）Sorted 属性

该属性值决定 ListView 控件中的 ListItem 对象是否排序。True 表示排序，False 表示不排序。

2. ListView 控件的主要方法

（1）Add 方法

该方法用于向 ListView 控件中添加 ListItem 对象。

（2）Clear 方法

该方法用于清空 ListView 控件中的 ListItem 对象。

（3）GetFirstVisible 方法

该方法用于返回 ListView 控件中第一个可视对象的引用。

【例 7-14】 设计一个窗体界面，将数据表中记录的 name 通过 ListView 控件以非透明和透明两种形式显示出来。设计与显示如图 7-18、图 7-19 和图 7-20 所示。

图 7-18 ListView 控件显示设计

图 7-19 ListView 控件对象非透明显示

图 7-20 ListView 控件对象透明显示

```
    Dim itmX As ListItem        '定义一个 ListItem 对象
    Dim key   As String         '定义字符串变量
    Dim a
    Private Sub Command1_Click()
        ListView1.TextBackground = lvwTransparent    '设置为透明
    End Sub
    Private Sub Form_Load()
        ListView1.Picture = LoadPicture(App.Path & "\图片.bmp")
        ListView1.SmallIcons = ImageList1
        Adodc1.RecordSource = "select * from tb_enter order by number"
        Adodc1.Refresh
        If Adodc1.Recordset.RecordCount > 0 Then
            ListView1.ListItems.Clear
            Adodc1.Recordset.MoveFirst
            Do While Adodc1.Recordset.EOF = False
                key = Adodc1.Recordset.Fields("name")
                Set itmX = ListView1.ListItems.Add(, , key, 1)
                Adodc1.Recordset.MoveNext
            Loop
        End If
    End Sub
```

【例 7 - 15】 通过 ListView 控件制作导航界面,如图 7 - 21 所示。

说明:当程序运行时,单击窗体左侧 ListView 控件中的某一学生姓名,在右侧表格中即可显示该名学生所学课程及成绩。

```
    '首先引用 Microsoft ActiveX Data Objects 2.7 Library
    Public adors As New ADODB.Recordset
    Public adocon As New ADODB.Connection
    Public adors1 As New ADODB.Recordset
    Dim i As Integer
    Private Sub Form_Load()
        adocon.ConnectionString = "Provider = Microsoft.Jet.OLEDB.4.0;Data Source = " & _
            App.Path & "\db_test.mdb;Persist Security Info = False"
        adocon.Open "Provider = Microsoft.Jet.OLEDB.4.0;Data Source = " & App.Path & "\db_
            test.mdb;Persist Security Info = False"
        adors.Open "select * from tb_kh", adocon, adOpenKeyset, adLockOptimistic
        '打开数据表
        If adors.RecordCount > 0 Then
            ListView1.Refresh         '刷新 ListView 控件
            adors.MoveFirst           '移动指针到第一条记录
            For i = 0 To adors.RecordCount - 1
                ListView1.ListItems.Add , , adors.Fields("姓名")      '添加记录
                adors.MoveNext        '移动指针到下一条记录
            Next i
        End If
        adors1.Open "select * from tb_employee", adocon, adOpenKeyset, adLockOptimistic
        If adors1.RecordCount > 0 Then
            Set MS1.DataSource = adors1
            '控制数据网格的宽度
```

```
        MS1.ColWidth(0) = 100: MS1.ColWidth(1) = 1000
        MS1.ColWidth(2) = 1400: MS1.ColWidth(3) = 1400
        '设置列标题
        MS1.TextMatrix(0, 1) = "姓名"
        MS1.TextMatrix(0, 2) = "课程"
        MS1.TextMatrix(0, 3) = "成绩"
    End If
    adocon.Close
End Sub
Private Sub ListView1_Click()
    '连接数据库
    Adodc1.ConnectionString = "Provider = Microsoft.Jet.OLEDB.4.0;Data Source = " &
      App.Path & "\db_test.mdb;Persist Security Info = False"
    '打开数据表
    Adodc1.RecordSource = "select * from tb_employee where 姓名 = '" & ListView1.Se-
      lectedItem & "'"
    Adodc1.Refresh
    If Adodc1.Recordset.RecordCount > 0 Then
        Set MS1.DataSource = Adodc1
        MS1.ColWidth(0) = 100: MS1.ColWidth(1) = 1000
        MS1.ColWidth(2) = 1400: MS1.ColWidth(3) = 1400
        MS1.TextMatrix(0, 1) = "姓名"
        MS1.TextMatrix(0, 2) = "课程"
        MS1.TextMatrix(0, 3) = "成绩"
    End If
End Sub
```

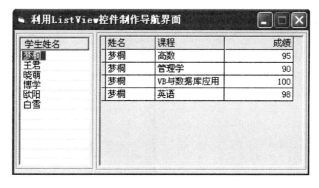

图 7-21 ListView 控件导航数据

7.3.2 TreeView 控件的应用

TreeView 控件用于显示具有层次结构的数据,例如组织树、索引项、磁盘文件(夹)或等级结构的数据库信息。

TreeView 控件显示 Node 对象(树形结构的一个节点对应 VB 的一个对象)的分层列表,每个 Node 对象均由一个标签和一个可选的位图组成。在使用前,应执行"工程"菜单中的"部件"命令,在弹出的对话框中选择"Microsoft Windows Common

Controls6.0(SP6)"复选框,将其添加到工具箱中。

1. TreeView 控件的主要属性

（1）Checkboxes 属性

该属性值决定对象前是否显示复选框。True 表示显示复选框,False 表示不显示复选框。

（2）ImageList 属性

该属性的设置将 ImageList 控件与 TreeView 控件相关联,在 TreeView 控件的节点中显示图标。

（3）LineStyle 属性

该属性值决定对象之间显示线的样式。0 不显示根节点,1 显示根节点。

（4）LabelEdit 属性

该属性值确定是否可以编辑 TreeView 控件中 Node 对象的标签。

2. TreeView 控件的主要方法

（1）Add 方法

该方法用于向 TreeView 控件中添加 Node 对象。

（2）Remove 方法

该方法用于移除 TreeView 控件中的 Node 对象。

（3）GetVisibleCount 方法

该方法用于返回 TreeView 控件中 Node 对象个数。

【例 7－16】 通过 TreeView 控件以树型结构显示中国直辖市和各省市名称,要求各省市名称前出现复选框,如图 7-22 所示。

代码如下：

```
Public Sub Tree_change()
    Dim Key, Text, BH As String
    Dim Nod As Node
    Key = "中国政区"
    Text = "中国政区"
    Set Node1 = TreeView1.Nodes.Add(, , Key, Text)
    Adodc2.RecordSource = "select * from 表 1 "
    Adodc2.Refresh
    If Adodc2.Recordset.RecordCount > 0 Then
        Adodc2.Recordset.MoveFirst
        Do While Adodc2.Recordset.EOF = False
            Key = Trim(Adodc2.Recordset.Fields("省市名称"))
            Text = Adodc2.Recordset.Fields("省市名称")
            Set Node2 = TreeView1.Nodes.Add(Node1.Index, tvwChild, Key, Text)
```

图 7-22　TreeView 控件 Checkboxes 属性应用

```
                Adodc1.RecordSource = "select * from 表2 where 省市编号 = '" + Adodc2.
Recordset.Fields("省市编号") + "'"
                Adodc1.Refresh
                If Adodc1.Recordset.RecordCount > 0 Then
                    Adodc1.Recordset.MoveFirst
                    Do While Adodc1.Recordset.EOF = False
                        Key = Trim(Adodc1.Recordset.Fields("市名称"))
                        Text = Adodc1.Recordset.Fields("市名称")
                        Set Node3 = TreeView1.Nodes.Add(Node2.Index, tvwChild, Key, Text)
                        Adodc1.Recordset.MoveNext
                    Loop
                End If
                Adodc2.Recordset.MoveNext
        Loop
    End If
End Sub
Private Sub Command1_Click()       '恢复正常的显示模式
    TreeView1.Style = tvwTreelinesPlusMinusPictureText
End Sub
Private Sub Form_Activate()
    TreeView1.Checkboxes = True
End Sub
Private Sub Form_Load()
    Call Tree_change
End Sub
```

【例 7 – 17】 通过 TreeView 控件的 ImageList 属性设置,以图标形式显示中国直辖市和各省市名称,如图 7 – 23 所示。

```
Public Sub Tree_change()
    ...
    TreeView1.ImageList = ImageList1
    Set Node1 = TreeView1.Nodes.Add(, , Key, Text, 1)
    ...
    Set Node2 = TreeView1.Nodes.Add(Node1.Index, tvwChild, Key, Text, 1)
    ...
    Set Node3 = TreeView1.Nodes.Add(Node2.Index, tvwChild, Key, Text, 1)
    ...
End Sub
Private Sub Form_Activate()
    'TreeView1.Checkboxes = True     取消复选框显示
End Sub
```

图 7 – 23 TreeView 控件 ImageList 属性应用

由于 TreeView 控件的树形层次结构特点,很多数据库应用系统通过它导航数据和显示数据,如图 7 – 24 和图 7 – 25 所示。

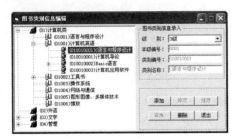

图 7-24　TreeView 控件导航数据　　　图 7-25　TreeView 控件数据显示

部分代码如下：

```vb
Dim i As Integer          '定义整型变量
Dim rs1 As New ADODB.Recordset   '定义数据集对象
Dim sql As String         '定义字符串变量
Dim adoRs As New ADODB.Recordset
Dim MyRs As New ADODB.Recordset
Public Sub Tree_change()     '声明一个树状显示数据的过程
    On Error Resume Next
    Dim key, text As String
    rs1.Open "select * from tslbb order by 类别编号", cnn, adOpenKeyset, adLockOptimistic
    If rs1.RecordCount > 0 Then
        With rs1
            .MoveFirst
            Do While .EOF = False
                If Len(.Fields("类别编号")) = 2 Then
                    key = Trim(.Fields("类别名称"))
                    text = "(" & Trim(.Fields("类别编号")) & ")" & Trim(.Fields("类别名称"))
                        Set Node1 = TreeView1.Nodes.Add(, , key, text, Val(.Fields("级别")))
                End If
                If Len(.Fields("类别编号")) = 5 Then
                    key = Trim(.Fields("类别名称"))
                    text = "(" & Trim(.Fields("类别编号")) & ")" & Trim(.Fields("类别名称"))
                        Set Node2 = TreeView1.Nodes.Add(Node1.Index, tvwChild, key, text, Val(.Fields("级别")))
                End If
                If Len(.Fields("类别编号")) = 9 Then
                    key = Trim(.Fields("类别名称"))
                    text = "(" & Trim(.Fields("类别编号")) & ")" & Trim(.Fields("类别名称"))
                        Set Node3 = TreeView1.Nodes.Add(Node2.Index, tvwChild, key, text, Val(.Fields("级别")))
                End If
                If Len(.Fields("类别编号")) = 14 Then
                    key = Trim(.Fields("类别名称"))
```

```
                    text = "(" & Trim(.Fields("类别编号")) & ")" & Trim(.Fields("类
                        别名称"))
                    Set Node4 = TreeView1.Nodes.Add(Node3.Index, tvwChild, key,
                        text, Val(.Fields("级别")))
                End If
                If Len(.Fields("类别编号")) = 20 Then
                    key = Trim(.Fields("类别名称"))
                    text = "(" & Trim(.Fields("类别编号")) & ")" & Trim(.Fields("类
                        别名称"))
                    Set Node5 = TreeView1.Nodes.Add(Node4.Index, tvwChild, key,
                        text, Val(.Fields("级别")))
                End If
                .MoveNext
            Loop
        End With
    End If
    rs1.Close
End Sub
```

7.3.3 ImageList 控件的应用

ImageList 控件包含 ListImage 对象的集合,集合中的每个对象都可以通过其索引或关键字被引用。ImageList 控件不能独立使用,只能作为向其他控件提供图像的资料中心。例如,使用 ImageList 控件将图片显示在 ListView 控件和 TreeView 控件中,在设计菜单工具条时,也需要 ImageList 控件提供图片等。

在使用 ImageList 控件前,应执行"工程"菜单中的"部件"命令,在弹出的对话框中选择"Microsoft Windows Common Controls6.0(SP6)"复选框,将其添加到工具箱中。

前面介绍 ListView 控件和 TreeView 控件时,所进行的应用程序设计就涉及 ImageList 控件。

7.3.4 SSTab 控件的应用

SSTab 控件为用户提供了在一个窗体界面上浏览、编辑大量数据的途径,不仅方便了用户操作,还提高了工作效率,保证了数据的完整性。

SSTab 控件提供了一组选项卡,每个选项卡都可作为其他控件的容器。同一时刻只能显示一个选项卡,既用户只能操作一个选项卡。利用 SSTab 控件,可以在应用程序中为某个窗口或对话框的相同区域定义多个页面,既方便用户操作,也为程序节省了大量空间。

在使用 SSTab 控件前,应执行"工程"菜单中的"部件"命令,在弹出的对话框中选择"Microsoft Tabbed Dialog Controls 6.0"复选框,将其添加到工具箱中。

SSTab 控件的主要属性:

① Tabs 属性,决定选项卡的数目。
② TabsPerRow 属性,每一行选项卡数。
③ Tab 属性,当前选项卡序号,序号从 0 开始。
④ TabEnabled 属性,其值决定某选项卡是否可用。True 表示有响应,False 表示不响应。例如,SSTab1.TabEnabled(0)=False,设置第 1 个选项卡不可用。
⑤ Style 属性,决定选项卡的样式。
⑥ TabOrientation 属性,其值决定 SSTab 控件上选项卡的位置。0 表示选项卡在控件的顶端,1 表示在底部,2 表示在左侧,3 表示在右侧,如图 7-26 所示。

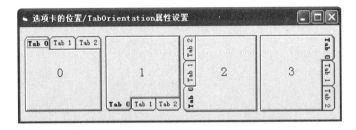

图 7-26　SSTab 控件 TabOrientation 属性设置

【例 7-18】　使用 SSTab 控件分页实现小区大楼信息的登记、更新和浏览操作功能,如图 7-27 所示(代码省略)。

图 7-27　SSTab 控件应用

注意:大楼信息更新和浏览选项卡页面的设计,应结合大楼信息登记选项卡页面信息以表格形式完成。

7.3.5　ProgressBar 控件的应用

ProgressBar(进度条)控件通过从左到右的方式用一些方块填充矩形来表示一个较长操作的进度。在使用 ProgressBar 控件前,应执行"工程"菜单中的"部件"命令,在弹出的对话框中选择"Microsoft Windows Common Controls6.0(SP6)"复选框,将其添加到工具箱中。

ProgressBar 控件主要的属性：

① Scrolling 属性，其值决定进度显示方式是连续的还是分段的。0 表示标准、分段的进度条，1 表示连续的进度条。

② Orientation 属性，其值决定进度条的方向。0 表示水平方向，1 表示垂直方向。

③ Max 和 Min 属性，用来设置进度条行程的界限。

④ Value 属性，指明在行程范围内的位置。

例如，Max 设置为 100，Min 设置为 1，当 Value＝50 时，表示完成了 50％ 的操作，如图 7－28 所示。

【例 7－19】 使用进度条模拟系统初始化过程，如图 7－29 所示。

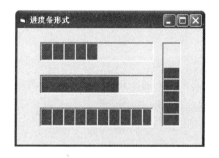
图 7－28 ProgressBar 控件

图 7－29 ProgressBar 控件应用

```
Private Sub Command1_Click()
    ProgressBar1.Visible = True
    For i = 1 To 50000
        ProgressBar1.Value = i
    Next i
    ProgressBar1.Visible = False
    ProgressBar1.Value = ProgressBar1.Min
    Label1.Caption = "系 统 初 始 化 完 毕 !"
End Sub
Private Sub Form_Load()
    ProgressBar1.Max = 50000
    ProgressBar1.Min = 1
    ProgressBar1.Value = 1
    ProgressBar1.Visible = False
End Sub
```

7.3.6 DTPicker 控件的应用

DTPicker（日期选择）控件可以提供格式化的日期字段，使日期选择非常容易。在使用 DTPicker 控件前，应执行"工程"菜单中的"部件"命令，在弹出的对话框中选择"Microsoft Windows Common Controls－2 6.0(SP4)"复选框，将其添加到工具箱中。

DTPicker 控件主要的属性：

① DayOfWeek 属性，其值指出当前是星期几。1(默认值)为星期日，2 为星期一，3 为星期二，…，7 为星期六。

② Month 属性，其值指出当前的月份。1~12 表示 1~12 个月份。

【例 7-20】 使用 DTPicker 制作日期选择界面，如图 7-30 所示。

图 7-30 DTPicker 控件应用

```
Private Sub DTPicker1_Change()
    Select Case DTPicker1.DayOfWeek
    Case 1
        Label1.Caption = "选择的日期:星期日"
    Case 2
        Label1.Caption = "选择的日期:星期一"
    Case 3
        Label1.Caption = "选择的日期:星期二"
    Case 4
        Label1.Caption = "选择的日期:星期三"
    Case 5
        Label1.Caption = "选择的日期:星期四"
    Case 6
        Label1.Caption = "选择的日期:星期五"
    Case 7
        Label1.Caption = "选择的日期:星期六"
    End Select
End Sub
```

7.4 菜单、工具栏和状态栏

菜单、工具栏和状态栏是应用程序开发中不可或缺的界面元素，是设计程序界面的基础。

菜单用于给功能命令分组，方便操作。菜单按使用形式分为下拉式和弹出式两种。下拉式菜单通常用来显示程序的各项功能，以方便用户选择执行；如果要求窗体简洁，不需太多的功能按钮，可以应用弹出式菜单完成相应的按钮功能。

工具栏是 Windows 窗口的组成部分，为用户提供了应用程序中最常用的菜单命令的快速访问方式。工具栏具有直观易用的特点，被广泛应用于各种实用软件的主界面当中。

状态栏一般用来提示系统信息和用户信息，如软件版本号、系统日期、登录用户、键盘状态等。

第7章 用户界面设计

下面主要介绍菜单、工具栏和状态栏的设计方法和应用。

7.4.1 下拉式菜单

下拉式菜单位于窗口标题栏的下面，由一个主菜单和若干个子菜单组成。Visual Basic 6.0 系统界面就是一个 Windows 风格的带下拉菜单的图形界面。VB 集成环境提供了"菜单编辑器"，用来设计下拉式菜单和弹出式菜单。

下拉式菜单的组成如图 7-31 所示。

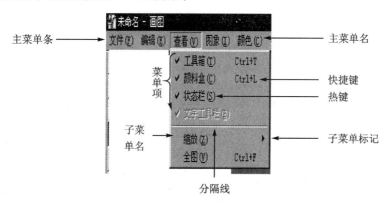

图 7-31 下拉式菜单的组成

1. 用菜单编辑器设计菜单

在设计状态，执行"工具"菜单的"菜单编辑器"命令，打开"菜单编辑器"对话框，如图 7-32 所示。

打开菜单编辑器的另外两种方式是：

① 右键单击窗体设计器，选择"菜单编辑器"。

② 使用快捷键 Ctrl+E。

通过"菜单编辑器"可以设计系统下拉式菜单，每个菜单项都是一个控件对象，只有 Click 事件。每个菜单项必须有"名称"属性，用于定义菜单项的控制名，在程序中引用

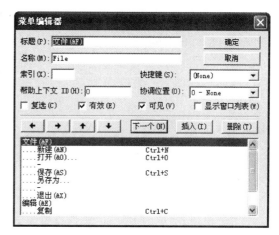

图 7-32 菜单编辑器

该菜单项，不会显示在菜单上。只有"标题"，即 Caption 显示在菜单上，如图 7-33 所示。

菜单编辑器说明：

① 每个菜单项必须有"名称"。

② 只有"标题"显示在菜单上，类似于控件的 Caption 属性。

③ 复选，可使菜单项左边加上标记"√"。

④ 有效，控制菜单项是否可被选择。

⑤ 可见，决定菜单项是否可见。

⑥ 下级菜单标题比上一级菜单项多一个"…"标志。

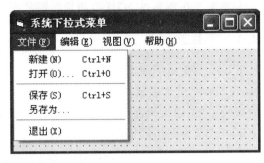

图 7 - 33　下拉式菜单

⑦ 分隔菜单项，在标题栏输入连字符"-"。

⑧ 热键与快捷键，方便键盘操作。为菜单项定义热键与快捷键。热键指使用 Alt 和标题中某一字符来打开菜单。建立热键只需在作为热键字符的前面加上一个 & 符号。快捷键不打开菜单，而是直接执行相应菜单项的操作。建立快捷键，只需在菜单编辑器的快捷键组合框中选择即可。

2. 菜单事件过程

单击菜单所实现的功能(打开某一个功能窗体等)是通过执行菜单事件中的代码来实现的。在菜单编辑器中，可以在每个菜单的 Click 事件中添加所需要的程序代码，完成相应的功能。

例如，单击"打开"菜单项，调用图 7 - 27 窗体，同时隐藏菜单所在的主窗体，代码如下：

```
Private Sub DlxxShow_Click()
    DlxxForm.Show
    Unload me
End Sub
```

7.4.2　弹出式菜单

弹出式菜单的特点：独立于窗体菜单栏，而显示在窗体内的浮动菜单；显示位置取决于单击鼠标键时指针的位置；单击鼠标右键时触发。

弹出式菜单设计和下拉式菜单设计基本相同，但设计必须满足：保证菜单至少含有一个子菜单项，菜单的 Visible 属性设置为 False。

弹出式菜单的调用方法：

[对象.]PopupMenu　菜单名,标志参数,X,Y

说明：① 菜单名是必需的，其他参数是可选的。② X,Y 参数指出弹出式菜单显示的位置。③ 标志参数用于进一步定义弹出式菜单的位置和性能。

【例 7 - 21】　设计弹出式菜单，将图 7 - 32 中的"文件"菜单设置为不可见状态，即取消菜单编辑器中的"可见"复选框选择。右键窗体，调用"文件"弹出式菜单，如图 7-34 所示。

```
Private Sub Form_MouseDown(Button As Integer, Shift As Integer, X As Single, Y As Single)
    If Button = 2 Then              '2 表示单击右键,1 表示单击左键
        Me.PopupMenu File, 2        '调用 File 弹出式菜单
    End If
End Sub
```

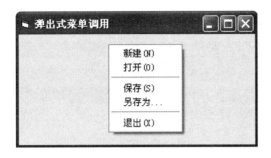

图 7-34 调用弹出式菜单

7.4.3 工具栏设计

工具栏已经成为 Windows 应用程序的标准功能。工具栏通常位于菜单栏的下方,由许多命令按钮组成,每个命令按钮上都有一个代表某一项操作功能的小图标。

1. 制作工具栏的两种方法

① 手工制作,利用图片框和命令按钮,制作繁琐;

② 通过组合使用 ToolBar 和 ImageList 控件(均是 ActiveX 控件)制作,简单易学。

ImageList 控件不单独使用,它包含了一个图像的集合,专门用来为其他控件提供图像。

在使用 ToolBar 和 ImageList 控件前,应执行"工程"菜单中的"部件"命令,在弹出的对话框中选择"Microsoft Windows Common Controls 6.0"复选框,将其添加到工具箱中。

2. 创建工具栏的步骤

① 在窗体上添加 ToolBar 和 ImageList 控件;

② 在 ImageList 控件中设置按钮大小、添加所需的图像;

③ 建立 ToolBar 和 ImageList 控件之间的关联;

④ 在 ToolBar 控件中创建 Button 对象;

⑤ 在 ToolBar 控件的 ButtonClick 事件中通过 Select Case 语句对各按钮进行相应的编程。

【例 7-22】 设计"高校奖学金综合测评系统"系统界面,如图 7-35 所示。

系统界面中工具栏的设计步骤如图 7-36~图 7-39 所示。

① 图 7-36,ImageList 控件属性页的通用选项卡,设置按钮的大小。

图 7-35 《高校奖学金综合测评系统》系统界面

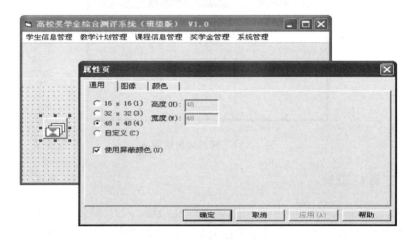

图 7-36 ImageList 控件属性设置

② 图 7-37，ImageList 控件属性页的图像选项卡，插入或删除图片。其中："索引（Index）"表示每个图像的编号，在 ToolBar 的按钮中引用。"关键字（Key）"表示每个图像的标识名，在 ToolBar 的按钮中引用。

③ 图 7-38，在 ToolBar 控件属性页的通用选项卡"图像列表"中，选择 ImageList1 建立 ToolBar 控件与 ImageList 控件之间的关联。

图 7-37 ImageList 控件插入或删除图片

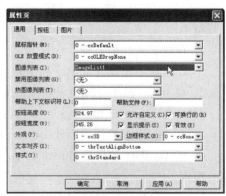

图 7-38 ToolBar 控件通用属性

④ 图 7-39，ToolBar 属性页的按钮选项卡，插入或删除按钮。其中："索引(Index)"表示每个按钮的编号，在 ButtonClick 事件中引用。"关键字(Key)"表示每个按钮的标识名，在 ButtonClick 事件中引用。"图像(Image)"选定 ImageList 对象中的图像，可以用图像的 Key 或 Index。"样式(Style)"指定按钮的 5 种样式。

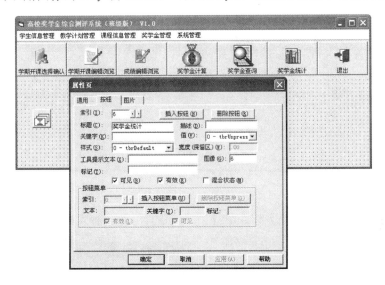

图 7-39　ToolBar 控件按钮属性

单击工具栏上的某个按钮，将引发 ButtonClick 事件。根据按钮的关键字(Button.Key)或者图像索引(Button.Index)可判断单击的是哪个按钮，然后通过 Select Case 语句进行相应的处理。

事件代码如下：

```
Private Sub Toolbar1_ButtonClick(ByVal Button As MSComctlLib.Button)
    Select Case Button.Inkey
        Case 1
            Kcqr.Show
        Case 2
            Kcbjll.Show
        Case 3
            Cjbjll.Show
        Case 4
            Jxjjs.Show
        Case 5
            Jxjcx.Show
        Case 6
            Jxjtj.Show
        Case 7
            Xttc.Show
    End Select
End Sub
```

7.4.4 状态栏设计

状态栏在应用软件的设计中也是必不可少的。Visual Basic 开发环境中使用 StatusBar 控件设计状态栏，StatusBar 控件通常显示在窗体的底部。

【例 7-23】 设计状态栏，如图 7-40 所示。

图 7-40 StatusBar 显示

设计状态栏时，需要向窗体添加 StatusBar 控件，并设置它的属性。

① 向[例 7-22]图 7-39 窗体添加 StatusBar 控件。

② 右击 StatusBar 控件，在快捷菜单中选择"属性"，弹出"属性页"对话框，选择"窗格"选项卡，如图 7-41 所示。

③ 向状态栏中添加若干个窗格对象（StatusBar 控件由最多 16 个窗格组成），并为每个对象设置属性。其中常用的属性如下：

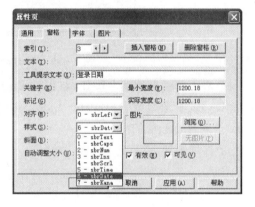

图 7-41 StatusBar 控件"属性页"

- 插入窗格，在状态栏上添加一个窗格，每个窗格用来显示不同的状态信息。
- 删除窗格，删除状态栏上当前索引指定的窗格。
- 索引和关键字，每个窗格的编号和标识。
- 文本，显示在窗格上的状态信息。
- 浏览按钮，可以插入.ico 或.bmp 类型图像。
- 对齐，窗格中显示文本的对齐方式。
- 样式，设置窗格的样式（文本、日期、时间等）。

④ 设置完成之后，单击"确定"按钮，状态栏显示如图 7-40 所示。

在大多数软件主窗体的状态栏中，都具有显示系统登录操作员信息的功能。由于涉及用户登录验证、数据库等技术，其功能实现将在第 10 章介绍。

7.5 对话框

对话框是应用程序在执行过程中与用户进行交流的窗口。在 Visual Basic 中，可以根据需要自己设计对话框，也可以利用系统提供的通用对话框实现相应的功能。

7.5.1 输入对话框与消息对话框

简单输入的对话框和消息对话框可以通过 InputBox 函数和 MsgBox 函数来实现。这两个对话框设计和使用已经在第 3 章详细介绍，不再介绍。

7.5.2 自定义对话框

自定义对话框可以通过普通窗体来创建，也可以使用对话框模版来创建。

1. 由普通窗体创建自定义对话框

创建对话框的步骤：

① 在 Visual Basic 开发环境中执行"工程"菜单中的"添加窗体命令"，弹出"添加窗体"对话框。

② 在"添加窗体"对话框中选择"新建"选项卡中的"窗体"，单击"打开"按钮，一个新窗体添加到当前工程中并处于打开状态。

③ 根据需要添加控件，进行属性设置和窗体布局。

④ 编写事件过程，完成对话框设计。

说明：前面各个章节涉及的窗体应用均是由普通窗体创建的对话框。

2. 使用对话框模版创建自定义对话框

创建对话框的步骤：

① 在 Visual Basic 开发环境中执行"工程"菜单中的"添加窗体命令"，弹出"添加窗体"对话框，如图 7-42 所示。

② 在"添加窗体"对话框中，选择"新建"选项卡中的"对话框"，单击"打开"按钮，将弹出"对话框标题"模版，如图 7-43 所示。

③ 根据需要，在"对话框标题"模板中添加控件、进行属性设置和窗体布局。

④ 编写事件过程，完成对话框设计。

说明：将"对话框模版"添加到 Visual Basic 工程环境中后，剩下的设计步骤与使用普通窗体设计对话框的过程完全相同。

3. 显示与关闭自定义对话框

显示自定义对话框代码如下：

① Form1.Show   '显示使用普通窗体设计的对话框，Form1 为 Name
② Dialog.Show   '显示使用对话框模版设计的对话框，Dialog 为 Name

关闭自定义对话框代码如下：

① Form1.Hide　　　'隐藏使用普通窗体设计的对话框，Form1 为 Name
② Dialog.Hide　　 '隐藏使用对话框模板设计的对话框，Dialog 为 Name
③ Unload Form1　　'卸载使用普通窗体设计的对话框，Form1 为 Name
④ Unload Dialog　 '卸载使用对话框模板设计的对话框，Dialog 为 Name

或

⑤ Unload Me　　　 '卸载自定义对话框

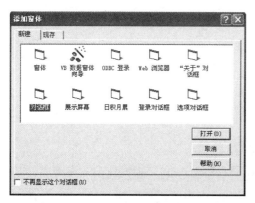

图 7-42　"添加窗体"对话框　　　　　图 7-43　"对话框标题"模板

7.5.3　通用对话框

VB 提供了一组基于 Windows 的标准对话框界面。用户可以利用通用对话框工具在窗体上创建六种标准对话框，分别为打开（Open）、另存为（Save As）、颜色（Color）、字体（Font）、打印机（Printer）和帮助（Help）。

通用对话框不是标准控件，位于 Microsoft Common Dialog Control 6.0 部件中，需要执行"工程"菜单中的"部件"命令来加载。

设计时，可在在窗体任意位置添加通用对话框控件（无须调整大小），名称默认为 CommonDialog1。

在设计状态，窗体上显示通用对话框图标；但在程序运行时，窗体上不会显示通用对话框，直到在程序中用 Action 属性或 Show 方法激活而调出所需的对话框。

通用对话框仅用于应用程序与用户之间进行信息交互，是输入输出的界面，不能真正实现文件打开、文件存储、设置颜色、字体设置、打印等操作，如果想要实现这些功能则需要编程实现。

1. 通用对话框的基本属性和方法

① Action 属性和 Show 方法。通用对话框可以通过 Action 属性打开，也可以通过 Show 方法打开，如表 7-1 所列。

说明：Action 属性不能在属性窗口设置，只能在程序中赋值，用于打开相应的对话框。打开"颜色"对话框等也可以用如下形式：

CommonDialog1.ShowColor

② DialogTiltle 属性，设置通用对话框标题。

③ CancelError 属性，确定单击"取消"按钮时，是否产生错误信息。True 表示出现错误提醒信息，False 表示不出现错误提醒信息。

表 7-1 通用对话框的 Action 属性和 Show 方法

通用对话框类型	Action 属性	Show 方法
"打开(Open)"对话框	1	ShowOpen
"另存为(Save As)"对话框	2	ShowSave
"颜色(Color)"对话框	3	ShowColor
"字体(Font)"对话框	4	ShowFont
"打印(Print)"对话框	5	ShowPrint
"帮助(Help)"对话框	6	ShowHelp

【例 7-24】 设计如图 7-44 所示的窗体界面，其中 6 个命令按钮分别实现打开 (Open)、另存为 (Save As)、颜色 (Color)、字体 (Font)、打印机 (Printer) 和帮助 (Help) 通用对话框功能。

2. "打开"对话框

"打开"对话框是当 Action 属性为 1 或用 ShowOpen 方法显示的通用对话框，供用户选定所要打开的文件。"打开/另存为"对话框的属性可以在属性页中设置，如图 7-45 所示，也可以在程序中设置。

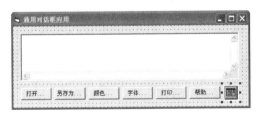

图 7-44 通用对话框应用

图 7-45 通用对话框的属性页

"打开"按钮的事件过程代码如下：

```
Private Sub Command1_Click()
    Dim sdata As String
    CommonDialog1.InitDir = "e:\vb2003"
    CommonDialog1.DefaultExt = "*.txt|*.doc"
    CommonDialog1.Filter = "文本文件|*.txt|WORD 文档|*.doc"
    CommonDialog1.Action = 1
```

```
        Text1.Text = ""
        Open CommonDialog1.FileName For Input As #1
        Do While Not EOF(1)
            Line Input #1, sdata
            Text1.Text = Text1.Text + sdata + vbNewLine
        Loop
        Close #1
        MsgBox "打开文件名:" & CommonDialog1.FileName & vbNewLine & _
        "不含路径的文件名:" & CommonDialog1.FileTitle & vbNewLine & _
        "文件过滤器:" & CommonDialog1.Filter & vbNewLine & _
        "指定的文件扩展名:" & CommonDialog1.DefaultExt & vbNewLine & _
        "打开文件的初始路径:" & CommonDialog1.InitDir & vbNewLine
End Sub
```

3. "另存为"对话框

"另存为"对话框是当 Action 属性为 2 或用 ShowSave 方法显示的通用对话框，供用户选择或键入所要存入文件的驱动器、路径和文件名。"另存为"对话框所涉及的属性基本上和"打开"对话框一样，只是还有一个 DefaultText 属性，表示所存文件的默认扩展名。

"另存为"按钮的事件过程代码如下：

```
Private Sub Command2_Click()
    CommonDialog1.Action = 2
    If Len(Trim(CommonDialog1.FileName)) >= 0 Then
        Open CommonDialog1.FileName For Output As #1
            Print #1, Text1.Text
            Close #1
    End If
End Sub
```

4. "颜色"对话框

"颜色"对话框是当 Action 属性为 3 或用 ShowColor 方法显示的通用对话框，供用户选择颜色，如图 7-46 所示。

"颜色"按钮的事件过程代码如下：

```
Private Sub Command3_Click()
    CommonDialog1.Action = 3
    Text1.Text = Text1.Text & _
    Chr(13) & Chr(10) & " 颜色值为:" & _
    CStr((CommonDialog1.Color))
    Text1.ForeColor = CommonDialog1.Color      '设置前景颜色
End Sub
```

5. "字体"对话框

"字体"对话框是当 Action 属性为 4 或用 ShowFont 方法显示的通用对话框，供用户选择字体，如图 7-47 所示。"字体"对话框所涉及的属性设置参见事件过程代码。

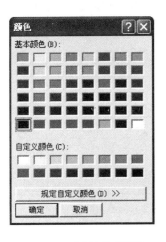

图 7-46 "颜色"对话框

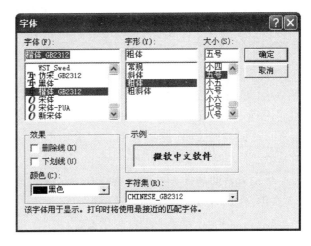

图 7-47 "字体"对话框

"字体"按钮的事件过程代码如下：

```
Private Sub Command4_Click()
    CommonDialog1.Flags = cdlCFBoth Or cdlCFEffects
    CommonDialog1.CancelError = False
    CommonDialog1.Action = 4
    Text1.Text = ""
    If Trim(CommonDialog1.FontName) > "" Then        '选择了字体
        Text1.Fontname = CommonDialog1.FontName
    Else
        MsgBox "请选择一种字体,再试!"
    End If
    Text1.FontSize = CommonDialog1.FontSize              '设置字体大小
    Text1.FontBold = CommonDialog1.FontBold              '设置粗体字
    Text1.FontItalic = CommonDialog1.FontItalic          '设置斜体字
    Text1.FontStrikethru = CommonDialog1.FontStrikethru  '设置删除线
    Text1.FontUnderline = CommonDialog1.FontUnderline    '设置下划线
    Text1.ForeColor = CommonDialog1.Color                '设置颜色
End Sub
```

6．"打印"对话框

"打印"对话框是当 Action 属性为 5 或用 ShowPrint 方法显示的通用对话框，供用户选择打印参数，如图 7-48 所示。所选参数存于各属性中，再通过编程处理打印操作。

"打印"按钮的事件过程代码如下：

```
Private Sub Command5_Click()
    CommonDialog1.Action = 5
    For i = 1 To CommonDialog1.Copies
        Printer.Print Text1.Text
    Next i
```

```
        Printer.EndDoc
End Sub
```

7. "帮助"对话框

"帮助"对话框是当 Action 属性为 6 或用 ShowHelp 方法显示的通用对话框,用于制作应用程序的联机帮助。大多数应用软件都有自己的帮助文件,调用帮助文件实际上就是通过"帮助"对话框运行 Winhelp32.exe 来显示指定的帮助文件。

"帮助"按钮的事件过程代码如下:

图 7-48 "打印"对话框

```
Private Sub Command6_Click()
    CommonDialog1.HelpCommand = cdlHelpForceFile
    CommonDialog1.HelpFile = "c:\windows\system32\winhelp.hlp"
    CommonDialog1.ShowHelp
End Sub
```

7.6 鼠标键盘处理

近年来,尽管语音输入、手写识别等技术发展迅速,但用户主要还是利用鼠标和键盘进行计算机的操作。在应用程序中,窗体和大多数控件都响应鼠标和键盘事件。本节主要介绍鼠标指针的设置、鼠标事件过程和键盘事件过程。

7.6.1 鼠标指针的设置

1. 设置鼠标指针的形状

在 Visual Basic 中,通过设置控件的 MousePointer 属性可以定义当鼠标指针指向该控件时显示的形状。MousePointer 属性可以在属性窗口中直接设置,如图 7-49 所示,也可通过程序代码设置,运行效果如图 7-50 所示。

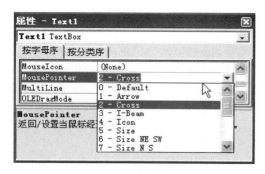

图 7-49 设置鼠标显示形状

图 7-50 设置后显示效果

通过程序代码设置鼠标指针显示形状：

```
Private Sub Form_Load()
    Text1.MousePointer = 2
End Sub
```

2. 设置鼠标指针为指定的图片

在 Visual Basic 中，通过设置控件的 MousePointer 属性值为 99 - Custom，然后通过控件的 MouseIcon 属性选择指定的图片。MouseIcon 属性可以在属性窗口中直接设置，如图 7 - 51 所示，也可通过程序代码设置，运行效果如图 7 - 52 所示。

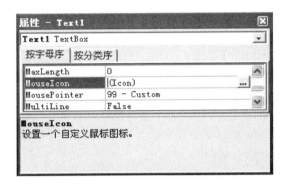

图 7 - 51 设置鼠标显示的样式

图 7 - 52 设置后显示效果

在将 MousePointer 属性设置为 99 - Custom 后，通过程序代码设置显示图片：

```
Private Sub Form_Load()
    Text1.MouseIcon = LoadPicture(App.Path & "\Face02.ico")
End Sub
```

7.6.2 鼠标事件

鼠标事件是由用户操作鼠标而引发的能被各种对象识别的事件。除了 Click 和 DblClick 事件之外，还有三个重要的鼠标事件：

① MouseDown 事件，按下任意一个鼠标按钮时被触发。
② MouseUp 事件，释放任意一个鼠标按钮时被触发。
② MouseMove 事件，移动鼠标时被触发。

1. 鼠标事件识别

在设计应用时，需特别注意这些鼠标事件发生在什么对象上，即被什么对象识别。当鼠标指针位于窗体中没有控件的区域时，窗体将识别鼠标事件；当鼠标指针位于某个控件上方时，该控件将识别鼠标事件。

2. MouseDown 事件

MouseDown 事件是最常使用的事件，当按下任意一个鼠标按钮时就可触发此事件。MouseDown 事件相对应的事件过程：

Private Sub Form_MouseDown(Button As Integer, Shift As Integer, X As Single, Y As Single)

说明：① Button，标识按下了鼠标哪个键（左键、右键或中键），如表 7-2 所示。② Shift，包含了 Shift、Ctrl 和 Alt 键的状态信息，如表 7-3 所示。③ X,Y 表示当前鼠标指针的位置。

表 7-2　Button 参数取值

常　数	值	说　明
vbLeftButton	1	按下鼠标左键
vbRightButton	2	按下鼠标右键
vbMiddleButton	4	按下鼠标中键

表 7-3　Shift 参数取值

常　数	值	说　明
vbShiftMask	1	按下 Shift 键
vbCtrlMask	2	按下 Ctrl 键
vbAltMask	4	按下 Alt 键

3. MouseUp 事件

MouseUp 事件，当释放鼠标按键时发生。MouseUp 事件相对应的事件过程：

Private Sub Form_MouseUp(Button As Integer, Shift As Integer, X As Single, Y As Single)

说明： 参数与 MouseDown 事件过程说明相同。

【例 7-25】 设计窗体界面，添加一个文本框和一个标签。在程序运行时，按下鼠标，窗体背景变为红色；释放鼠标，窗体的背景变为绿色，运行效果如图 7-53 所示。左键文本框，文本框显示"鼠标左键被按下"，运行效果如图 7-54 所示；右键文本框，文本框显示"鼠标右键被按下"；中键文本框，文本框显示"鼠标中键被按下"。

图 7-53　鼠标的 MouseUp 事件

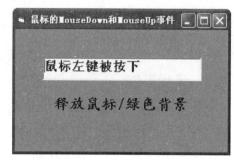

图 7-54　鼠标的 MouseDown 事件

事件过程代码如下：

```
Private Sub Form_MouseDown(Button As Integer, Shift As Integer, X As Single, Y As Single)
    Me.BackColor = RGB(200, 50, 50)
        Label1.Caption = "按下鼠标/红色背景"
End Sub
Private Sub Form_MouseUp(Button As Integer, Shift As Integer, X As Single, Y As Single)
    Me.BackColor = RGB(100, 200, 100)
        Label1.Caption = "释放鼠标/绿色背景"
```

```
        End Sub
Private Sub Text1_MouseDown(Button As Integer, Shift As Integer, X As Single, Y As Single)
    If Button = 1 Then
        Text1 = "鼠标左键被按下"
    ElseIf Button = 2 Then
        Text1 = "鼠标右键被按下"
    Else
        Text1 = "鼠标中键被按下"
    End If
End Sub
```

4．MouseMove 事件

MouseMove 事件在窗体上或控件上移动鼠标时被触发。MouseMove 事件相对应的事件过程：

Private Sub Form_MouseMove(Button As Integer, Shift As Integer, X As Single, Y As Single)

说明：参数与 MouseDown 事件过程说明相同。

【例 7-26】 设计窗体界面，添加一个标签。当程序运行时，在窗体上移动鼠标指针，窗体的标签控件中显示当前鼠标指针的坐标值，运行效果如图 7-55 所示。

事件过程代码如下：

图 7-55　鼠标的 MouseMove 事件

```
Private Sub Form_MouseMove(Button As Integer,
Shift As Integer, X As Single, Y As Single)
    Label1.Caption = "当前鼠标的位置为:" & X & "," & Y
End Sub
```

7.6.3　键盘事件的响应

鼠标操作在 Windows 应用程序中占据重要位置，但对于接收文本输入的文本框控件、简单组合框和下拉组合框等，需要控制和处理输入的文本，键盘输入目前仍是主流，因此需要对键盘事件进行编程。在 VB 中，有三个重要的键盘事件：

① KeyPress 事件，按下并且释放一个会产生 ASCII 码的键时被触发。

② KeyDown 事件，按下键盘上任意一个键时被触发。

③ KeyUp 事件，释放键盘上任意一个键时被触发。

KeyPress、KeyDown 和 KeyUp 事件只用于能够聚焦的对象，如窗体、文本框和命令按钮等。

1．KeyPress 事件

KeyPress 事件只对会产生 ASCII 码的按键有反应，包括数字键、大小写字母键、Enter、BackSpace、Esc、Tab 键等。

KeyPress 事件相对应的事件过程：

Private Sub 对象名_KeyPress(KeyAscii As Integer)

说明：① 对象名，窗体或控件。② KeyAscii 为与按键相对应的 ASCII 码值。

2. KeyDown 和 KeyUp 事件

当控制焦点在某个控件对象上，按下键盘上任意键时，就会触发焦点对象的 KeyDown 事件；释放按键，则会触发 KeyUp 事件。

KeyDown 事件相对应的事件过程：

Private Sub 对象名_KeyDown(KeyCode As Integer, Shift As Integer)

KeyUp 事件相对应的事件过程：

Private Sub 对象名_KeyUp(KeyCode As Integer, Shift As Integer)

说明：① KeyCode，按下或释放键的扫描码，键盘上每一个键都对应一个扫描码，且各自不同。不同字符的同一键，其扫描码是相同的。② Shift，是一个整数，与鼠标事件过程中的 Shift 参数意义相同。

注意：KeyPress 与 KeyDown 和 KeyUp 事件不同，KeyPress 不显示键盘的物理状态，而只是传递一个字符；KeyDown 和 KeyUp 事件返回的是键盘的直接状态，即操作的"键"。

【例 7-27】 设计窗体界面，添加一个文本框。将输入文本框中的小写字母自动转化为大写字母。

事件过程代码如下：

```
Private Sub Text1_KeyPress(KeyAscii As Integer)
    Char = Chr(KeyAscii)
    KeyAscii = Asc(UCase(Char))
End Sub
```

或

```
Private Sub Text1_KeyPress(KeyAscii As Integer)
    If KeyAscii >= 97 And KeyAscii <= 122 Then
        KeyAscii = KeyAscii - 32
    End IF
End Sub
```

【例 7-28】 设计窗体界面，添加一个文本框。在文本框中输入字符信息后，按下 Enter 键，判断输入信息是否为数值型数据，如果不是数值型数据，则清空文本框信息。

事件过程代码如下：

```
Private Sub Text1_KeyDown(KeyCode As Integer, Shift As Integer)
    If KeyCode = 13 Then
        If Not IsNumeric(Text1.Text) Then
            Text1.Text = ""
        Else
            MsgBox "数字信息!", , "提示"
```

```
            End If
        End If
End Sub
```

本章小结

本章比较详细地介绍了窗体、常用控件、ActiveX 控件、菜单、工具栏、状态栏、对话框和鼠标键盘处理等应用程序设计时所必需的应用。

窗体是应用程序最基础的交互界面,掌握窗体的主要属性、方法和事件,是设计窗体的关键。

人机交互主要是用户和窗体上控件的交互操作,系统常用内部控件的应用是 Visual Basic 的关键,掌握它们的属性、方法和事件,才能更好地为应用程序设计打好基础。

ActiveX 控件是系统常用内部控件应用的拓展。恰当合理地应用 ActiveX 控件,就可以增强设计应用程序的功能,使得交互界面更加丰富。

应用程序功能的实现,主要是通过执行菜单和工具栏命令,调用相应的模块程序来完成。菜单、工具栏和状态栏是应用程序界面设计和应用的重要内容,特别要掌握设计菜单和工具栏的方法和技巧。

对话框是用户与应用程序交互的媒介,也是应用程序设计的重要部分。只有熟练掌握对话框的设计与应用,才能建立用户与应用程序之间良好的沟通桥梁。

鼠标是应用程序操作的重要工具,但键盘仍然是数据信息输入和修改的主要工具。在应用程序开发中熟练地运用鼠标事件与键盘事件,可以使应用程序更加实用与便捷。

习题 7

1. 在应用程序中,根据不同的需求,设计不同类型的用户窗体界面,根据窗体的显示状态分为_____窗体和_____窗体;根据窗体的功能分为_____窗体和_____窗体。

2. 在 VB 多窗体应用程序中,经常用_____和_____语句对窗体进行加载或卸载。

3. _____方法用于隐藏显示在屏幕上的窗体,它与卸载窗体的区别是_____。

4. _____事件即窗体的加载事件,当窗体被调入内存并显示在屏幕上时发生。

5. 当窗体成为当前焦点时触发_____事件。当窗体失去当前焦点时发生

_____事件。

6. 窗体启动事件的触发次序是_____；窗体卸载事件的触发次序是_____。

7. 在 Visual Basic 中，控件主要分为_____控件和_____控件两种。

8. 控件的属性可分为_____属性和_____属性，_____属性是所有控件都具有的。

9. 控件的_____是某些规定好的、用于完成某种特定功能的特殊过程，只能在代码中使用。

10. 控件的_____是指能够被控件对象识别的一系列特定的动作。

11. Frame 控件的主要作用_____。

12. 通过定时器的_____属性来设定其定时间隔。

13. 当前列表框中包含多少条目，可通过其_____属性来得到。

14. TreeView 控件用于显示_____的数据。

15. SSTab 控件的主要作用_____。

16. 通过"菜单编辑器"可以设计系统下拉式菜单，每个菜单项都是一个控件对象，只有_____事件。每个菜单项必须有_____属性，用于定义菜单项的控制名，在程序中引用该菜单项，_____显示在菜单上，只有_____显示在菜单上。

17. 在使用 ToolBar 和 ImageList 控件前，应执行"工程"菜单中的_____命令，在弹出的对话框中选择"_____"复选框，将其添加到工具箱中。

18. 通用对话框仅用于应用程序与用户之间进行信息交互，是输入输出的界面，不能真正实现文件打开、文件存储、设置颜色、字体设置、打印等操作，如果想要实现这些功能则需要_____实现。

19. 简述鼠标的 Click、MouseDown、MouseUp 和 MouseMove 事件。

20. 简述键盘的 KeyPress、KeyDown 和 KeyUp 事件。

21. 说明键盘扫描代码（KeyCode）与键盘 ASCII 码（KeyAscii）的区别。

22. 编写程序：

（1）上机调试本章节中相关例题。

（2）设计模拟邮件投递。

（3）设计模拟垃圾文件处理。

第 8 章　文　件

学习导读

案例导入

编写应用程序或进行系统设计时，根据需要，不同类型数据应以不同格式文件进行存储和读写操作。另外，使用文件系统控件创建访问文件系统，可缩短设计时间，且其对话框更加直观。

知识要点

存储在磁盘上的文件具有长期保留，随时读写的优点。处理文件是 Visual Basic 的强大处理能力之一，可为用户提供多种处理文件的方法及大量与文件有关的语句、函数和控件。本章主要介绍文件的结构、分类、顺序文件、随机文件、二进制文件和文件系统控件应用等内容。

学习目标

- 了解文件的分类；
- 掌握文件的打开和关闭方式；
- 掌握顺序文件的读写方式；
- 掌握随机文件的读写方式；
- 掌握二进制文件的读写方式；
- 了解文件系统控件的应用。

8.1　文件概述

文件是指存储在外部介质（如磁盘）上数据的集合，用来永久保存大量的数据。计算机中的程序和数据都是以文件的形式存储的。文件中的数据由程序来读取和保存。

8.1.1　文件的结构

为了有效地存取数据，数据必须以某种特定的方式存放，这种特定的方式称为文件的结构。在 Visual Basic 中，文件由记录组成，记录由字段组成，字段由字符组成。

8.1.2 文件的分类

1. 根据数据的使用分类

① 数据文件。数据文件中存放普通的数据,这些数据可以通过特定的程序进行存取。

② 程序文件。程序文件中存放计算机可以执行的程序代码,包括源程序文件和可执行文件。

2. 根据数据编码方式分类

① ASCII 文件,又称为文本文件,字符以 ASCII 码方式存放。例如,整数 123456 在文本文件中存放会占 6 个字节,因为每个字符占一个字节,即按照'1'、'2'、'3'、'4'、'5'、'6'的 ASCII 码进行存储,如图 8-1 所示。

00110001	00110010	00110011	00110100	00110101	00110110
'1'(ASCII码49)二进制表示	'2'(ASCII码50)	'3'(ASCII码51)	'4'(ASCII码52)	'5'(ASCII码53)	'6'(ASCII码54)

图 8-1 整数 123456 在文本文件中存储

② 二进制文件,文件中的数据以字节为单位进行存取,不能用普通的字处理软件创建和修改。整数 123456 在二进制文件中存放会占 4 个字节,因为整型数据在内存中占 4 个字节,如图 8-2 所示。

00000000	00000001	11100010	01000000

图 8-2 整数 123456 在二进制文件中存储

3. 根据数据访问方式分类

① 顺序文件,就是文本文件,以顺序访问方式存取数据。访问时,按从头到尾的顺序进行读写操作,不能同时进行读写操作。

② 随机文件,以随机访问方式存取数据。文件中每条记录的长度都是相同的,无须分隔符,只要根据记录号,就可以直接访问该条记录。

③ 二进制文件,以字节为单位的二进制访问方式存取数据。

8.1.3 文件处理的一般步骤

在 Visual Basic 中,文件处理一般按打开文件、读写操作和关闭文件三个步骤进行。

1. 打开文件

一个文件必须在创建打开后才可以进行读写操作。如果文件不存在,则创建文件,否则打开此文件。

2. 根据打开文件的模式对文件进行读写操作

对文件执行输入/输出操作,即是对文件进行读写操作。把内存中的数据存储到外部设备文件中称为写操作(也称为输出),把数据文件中的数据传输到内存程序中称为读操作(也称为输入)。

3. 关闭文件

对文件读写操作完成之后,要关闭文件,释放相关内存缓冲区。

文件读写处理时采用了缓冲文件系统技术。系统在内存区中为每个正在使用的文件开辟一个缓冲区,从内存向磁盘写文件需要先将数据送到缓冲区中,待缓冲区满了才一起写进文件里;若从磁盘向内存读文件,则一次从磁盘读入一批数据存入缓冲区,再逐个地将数据由缓冲区送到程序的变量中,如图8-3所示。

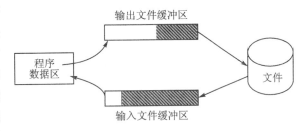

图8-3 缓冲文件系统的文件处理过程

8.2 顺序文件

8.2.1 顺序文件的打开与关闭

1. 文件的打开

在对文件读写之前,需要对文件进行打开操作。Open 语句分配一个缓冲区供文件进行读写之用,并决定缓冲区所使用的访问模式。Open 语句的一般形式为:

Open 文件名 For 模式 As # 文件号

说明:① 文件名,可以是字符串常量,也可以是字符串变量,可以包含文件所在的路径。② 模式,即文件的打开方式,有

Output:以写的方式对文件进行操作。若文件已经存在,则文件中所有内容将被清除,否则,创建新的文件。

Input:以读的方式对文件进行操作。

Append:以追加的方式在文件末尾追加记录。

③ 文件号,每个被打开的文件被指定一个介于1~511之间的文件号。

文件打开操作如下:

Open "data.txt" For Output # 1

表示以写的方式打开当前目录下的 data.txt 文本文件,指定文件号为#1。

Open "E:\VB\Student.txt" For Input # 2

表示以读的方式打开 E 盘下 VB 目录下的 Student.txt,指定文件号为♯2。

2. 文件的关闭

当读写完文件之后,需要将文件关闭,避免占用资源,可以用 Close 语句将其关闭。Close 语句的一般形式为:

Close ♯文件号,♯文件号,…

说明:省略了文件号,Close 命令将关闭所有已经打开的文件。

关闭文件操作如下:

Close ♯1,♯2,♯3

表示将关闭 1 号、2 号和 3 号文件。

文件关闭是一项重要的操作,因为向文件中写数据时,先将数据送到缓冲区中,待缓冲区满了才一起写进文件里,若缓冲区未满而结束程序的话,会丢失缓冲区中的数据。若使用 Close 语句关闭文件,则可以将缓冲区中剩余的数据写入文件,避免了丢失数据的问题。

8.2.2 顺序文件的读写操作

在文件打开之后,就可以对其进行读写了。"读文件"表示将文件中所需要的数据输入到内存中,"写文件"表示将内存中的数据输出到磁盘文件中。顺序读写是指按照数据流的先后顺序对文件进行读写操作,每读写一次后,文件指针自动指向下一个读写位置。在读写文件结束后,需要执行关闭文件操作。

1. 写操作

在 Visual Basic 中,主要使用 Print ♯语句和 Write ♯语句将数据写入顺序文件。

(1) Print ♯语句

Print ♯语句将格式化显示的数据写入顺序文件中。其一般形式如下:

Print ♯文件号,[输出列表]

说明:① 输出列表,一般指用","分隔的数值或字符串表达式。② 写入到顺序文件中的字符串不加双引号,数据之间没有","。

将信息写入顺序文件操作如下:

Print ♯1,"中国梦","人民的梦",2020

执行上述命令后,顺序文件中信息格式如下:

中国梦　　人民的梦　　2020

(2) Write ♯语句

Write ♯语句将数据写入顺序文件中。其一般形式如下:

Write ♯文件号,[输出列表]

说明:① 输出列表,一般指用","分隔的数值或字符串表达式。② 写入到顺序文件中的数据以紧凑格式存放,各个数据之间用","作为分隔符,并给字符串加上双引号。

将信息写入顺序文件操作如下：

Write #1,"中国梦","人民的梦",2020

执行上述命令后，顺序文件中信息格式如下：

"中国梦","人民的梦",2020

2．读操作

在 Visual Basic 中，主要使用 Input #语句和 Line Input #语句从顺序文件中将数据读出。

（1）Input #语句

Input #语句用于从文件中依次读出若干数据，并赋给相应的变量。其一般形式如下：

Input #文件号,变量列表

说明：① 变量列表中变量个数及类型应与读取数据项的个数及类型相同。② 最好读取使用 Write #语句写入数据的顺序文件中的数据。因为用 Write #语句写入的数据能被有效分隔。

（2）Line Input #语句

Line Input #语句从文件中读取一行数据，并把它赋给一个字符串变量。其一般形式如下：

Line Input #文件号,字符串变量

说明：读出的一行数据不包含回车符 Chr(13)及换行符 Chr(10)。

【例 8-1】 用 Write #语句将数据写入文件，然后再用 Input #语句和 Line Input #语句将数据从文件读出显示在窗体上。

事件过程代码如下：

```
Private Sub Form_Click()
    Dim a$, b$, c%, d$
    Open "E:\VB\China.txt" For Output As #1
    Write #1,"中国梦","人民的梦",2020
    Write #1,"中华民族","伟大复兴",2020
    Close #1
    Open "E:\VB\China.txt" For Input As #1
    Input #1, a, b, c              '读一行的 3 个数据分别赋给 a、b、c 变量
    Print a, b, c
    Line Input #1, d               '读一行数据赋给字符串变量 d
    Print d
    Close #1
End Sub
```

【例 8-2】 向上例 China.txt 文件中添加 20 行信息，然后再用 Line Input #语句将数据从文件读出显示在文本框中。

事件过程代码如下：

```
Private Sub Form_Click()
    Dim str$
    Open "E:\VB\China.txt" For Append As #1      '以追加方式打开文件
    For i = 1 To 10
        Write #1,"中国梦","人民的梦",2020
        Write #1,"中华民族","伟大复兴",2020
    Next i
    Close #1
    Text1.Text = ""
    Open "E:\VB\China.txt" For Input As #1
    Do While Not EOF(1)                           '判断文件是否结束
        Line Input #1, str                        '读一行数据送入变量a
        Text1.Text = Text1.Text & str & vbCrLf    '将数据添加到文本框末尾
    Loop
    Close #1
End Sub
```

【例8-3】 分析下面程序的功能。

事件过程代码如下：

```
Private Sub Command1_Click()
    Dim str$
    Open "E:\VB\China.txt" For Input As #1
    Open "E:\VB\People.txt" For Output As #2
    Do While Not EOF(1)
        Line Input #1, str
        Print #2, str
    Loop
    Close
End Sub
Private Sub Form_Click()
    Dim str$
    Text1.Text = ""
    Open "E:\VB\People.txt" For Input As #2
    Do While Not EOF(2)
        Line Input #2, str
        Text1.Text = Text1.Text & str & Chr(13) + Chr(10)
    Loop
    Close 2
End Sub
```

程序分析：本程序的功能是将一个文件China.txt中的内容复制到另一个文件People.txt中。

8.3 随机文件

随机文件是由长度相同的一条条记录所组成的集合，通过记录号可以快速访问相应的记录。

8.3.1 随机文件的打开与关闭

1. 随机文件的打开

随机文件的打开仍然使用 Open 语句,但必须以 Random 方式打开,同时要指明记录长度。文件打开后,可以同时进行读写操作。打开文件的 Open 语句一般形式为:

Open 文件名 For Random As ♯ 文件号[Len=记录长度]

说明:① 在 Open 语句中要指明记录的长度,默认值是 128 字节。② Random,随机文件的打开方式。

2. 随机文件的关闭

随机文件也使用 Close 语句将其关闭。

8.3.2 随机文件的读写操作

1. 写操作

在 Visual Basic 中,随机文件的写操作主要使用 Put ♯ 语句来实现,其一般形式如下:

Put [♯]文件号,[记录号],变量名

说明:① Put 语句将一个记录变量的内容,写入所打开文件中指定的记录位置处。② 记录号是大于 1 的整数,省略记录号,将在当前记录后写入一条记录。③ 变量类型与文件中记录的类型一致。

2. 读操作

在 Visual Basic 中,随机文件的读操作主要使用 Get ♯ 语句来实现,其一般形式如下:

Get ♯文件号,[记录号],变量名

说明:① 将文件中指定的记录数据读到变量中。② 记录号是大于 1 的整数,省略记录号,将读出当前记录后的一条记录。③ 变量类型与文件中记录的类型一致。

【例 8-4】 设计编写程序:单击"写入"按钮,可将记录写入到 China2013.txt 文件中,单击"输出"按钮,将输出文本框中指定的记录。

事件过程代码如下:

```
Private Type Record                    '定义记录类型
    Name AS String * 20
    Dream As String * 20
    Year As Integer
End Type
Private Sub Command1_Click()
    Dim MRec As Record, i%, n%
    Open App.path & "\China2013.txt" For Random As #1 Len = Len(MRec)
    n = 1
```

```
        For i = 2013 To 2020 Step 2
            MRec.Name = "中国梦"
            MRec.Dream = "人民的梦"
            MRec.Year = i
            Put #1,n,MRec                    '将记录写入文件中
            With MRec
                .Name = "中华民族"
                .Dream = "伟大复兴"
                .Year = i+1
            End With
            Put #1, n+1, MRec
            n = n+2
        Next i
        Close #1
        MsgBox "已成功将记录写入 China2013.txt 文件中", vbInformation, "期盼"
    End Sub
    Private Sub Command2_Click()
        Dim MRec As Record, p%, Recnum%, n%
        Open App.path & "\China2013.txt" For Random As #1 Len = Len(MRec)
        Recnum = Lof(1)/Len(MRec)             '计算文件中总记录数
        n = Text1.Text
        If n< = Recnum Then
            Get #1, n, MRec                   '读第 n 个记录
            Print MRec.Name, MRec.Dream, MRec.Year, n
            Close #1
        Else
            MsgBox "China2013.txt 文件共有" & Recnum & "条记录,记录号超界", vbInformation, "提示"
            Text1.Setfocus
        End If
    End Sub
```

8.4 二进制文件

二进制文件是二进制数据的集合,对其的访问与随机文件类似,读/写操作也由 Get 语句和 Put 语句完成;不同的是随机文件是以记录为单位进行读写操作,而二进制文件是以字节为单位进行读写操作。

8.4.1 二进制文件的打开与关闭

1. 二进制文件的打开

二进制文件打开后,可以同时进行读写操作。打开文件的 Open 语句的一般形式为:

  Open 文件名 For Binary As # 文件号

说明:Binary,二进制文件的打开方式。

2. 二进制文件的关闭

二进制文件也使用 Close 语句将其关闭。

8.4.2 二进制文件的读写操作

二进制文件的读写操作与访问随机文件类似,使用 Get 和 Put 语句完成。使用二进制访问模式可以方便地对任何文件进行复制操作。

【例8-5】 设计编写系统数据备份程序,如图8-4所示。

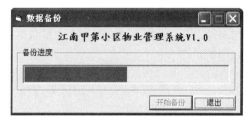

图8-4 数据备份过程

事件过程代码如下:

```
Dim workarea(6) As String              '定义字符串变量
Dim str1 As String
Dim str2 As String
Dim char As Byte
Private Sub Form_Load()
    str1 = App.Path & "\db_wygl.mdb"                '源文件
    str2 = App.Path & "\数据备份\db_wygl.mdb"        '目标文件
End Sub
Private Sub Command1_Click()                        '开始备份
    a = MsgBox("确定备份数据?", 4, "小区物业管理系统")
    If a = vbYes Then                               '确认备份
        Command1.Enabled = False                    '"开始备份"按钮有效
        ProgressBar1.Visible = True                 '进度条可见
        ProgressBar1.Max = UBound(workarea)         '设置进度条的最大值
        ProgressBar1.Value = ProgressBar1.Min       '设置进度条的最小值
        For Counter = LBound(workarea) To UBound(workarea)  '从最小值到最大值做循环
            workarea(Counter) = "initial value " & Counter
            ProgressBar1.Value = Counter
            Open str1 For Binary As #1              '以二进制的形式打开原数据库
            Open str2 For Binary As #2              '以二进制的形式打开目标数据库
            Do While Not EOF(1)                     '如果不到文件尾,则循环
                Get #1, , char                      '从源文件中取一个字
                Put #2, , char                      '写入目标文件
            Loop
            Close
        Next Counter
        ProgressBar1.Value = ProgressBar1.Min       '设置进度条的最小值为0
        MsgBox "数据库备份成功!", , "小区物业管理系统"
        Command1.Enabled = True                     '设置"开始备份"按钮可用
    End If
End Sub
Private Sub Command2_Click()    '退出
    Unload Me
End Sub
```

8.5 文件系统控件

文件系统控件是 Visual Basic 提供给用户方便利用文件系统的另一种方法。使用文件系统控件创建访问文件系统的对话框更加直观。

Visual Basic 中提供的文件系统控件有 3 种：驱动器列表框（DriveListBox）、目录列表框（DirListBox）和文件列表框（FileListBox）。它们是 VB 的内部控件，在工具箱中可以看到。

8.5.1 驱动器列表框

驱动器列表框（DriveListBox 控件）是一个包含有效驱动器的下拉式列表控件。在运行时，通过它可以选择一个有效的磁盘驱动器。

1. DriveListBox 控件的主要属性

① Drive 属性。Drive 属性用来设置或返回所选择的驱动器，该属性的默认值为当前驱动器，设计时不可用。Drive 属性只能在程序代码中设置，如：Drive1.Drive = "C:\"。

② List 属性。List 属性用于返回或设置控件的列表部分的项目。列表是一个字符串数组，每个数组元素就是一个列表项目。

2. DriveListBox 控件的主要事件

驱动器列表框常用的事件为 Change 事件，每次重新选择驱动器列表框中的选项或修改驱动器列表框的 Drive 属性时都会触发该事件。

8.5.2 目录列表框

目录列表框（DirListBox 控件）用于在运行时显示当前驱动器上的目录和路径下的文件夹的分层结构。

1. DirListBox 控件的主要属性

DirListBox 控件的主要属性包括 List 属性、ListIndex 属性和 Path 属性。

① List 属性。List 属性用于返回或设置控件的列表部分的项目。列表是一个字符串数组，每个数组元素就是一个列表项目。

② ListIndex 属性。ListIndex 属性用于返回或设置控件中当前选择项目的索引。

③ Path 属性。Path 属性用于返回或设置当前路径。

2. DirListBox 控件的主要事件

目录列表框常用的事件为 Change 事件，每次重新选择目录列表框中的选项或修改目录列表框的 Drive 属性时都会触发该事件。

8.5.3 文件列表框

文件列表框（FileListBox 控件）用于将 Path 属性指定的目录下所选文件类型的文件列表显示出来。

1. FileListBox 控件的主要属性

DirListBox 控件的主要属性包括 FileName 属性、Pattern 属性和 Path 属性。

① FileName 属性。FileName 属性用于返回或设置所选文件的文件名。

② Pattern 属性。Pattern 属性用于返回或设置一个值，指示在运行时显示在控件中的文件的扩展名。

③ Path 属性。Path 属性用于返回或设置当前路径。

2. FileListBox 控件的主要事件

① PathChange 事件。当路径被代码中的 FileName 或 Path 属性的设置改变时，触发该事件。

② PatternChange 事件。当文件的列表样式，如"＊.＊"被代码中对 FileName 或 Path 属性的设置所改变时，触发该事件。

【例 8-6】 设计编写图片浏览器程序，选择不同路径下的图片文件，在 Image 控件中就会显示出该图片，如图 8-5 所示。

图 8-5 文件系统控件联动-图片浏览器

事件过程代码如下：

```
Private Sub Dir1_Change()
    File1.Pattern = "*.bmp;*.ico;*.wmf;*.emf;*.gif;*.jpg"
    File1.Path = Dir1.Path
End Sub
Private Sub Drive1_Change()
    Dir1.Path = Drive1.Drive
End Sub
Private Sub File1_Click()
    p = File1.Path & "\" & File1.FileName
    Image1.Picture = LoadPicture(p)
End Sub
Private Sub Form_Load()
    Image1.BorderStyle = 1
    Image1.Stretch = True
    Drive1.Drive = "C:\"
    File1.Pattern = "*.bmp;*.ico;*.wmf;*.emf;*.gif;*.jpg"
End Sub
```

本章小结

本章比较详细地介绍了文件的概念、文件的打开和关闭方式,以及顺序文件、随机文件和二进制文件的读写操作。

根据数据的组成形式,文件分为文本文件和二进制文件。文本文件是把每个字符的 ASCII 码存储到文件中,二进制文件是把数据在内存中的二进制形式原样存储到文件中。

顺序文件是指按照数据流的先后顺序对文件进行操作,其读写操作主要通过 Input ♯ 语句、LineInput ♯ 语句、Print ♯ 语句和 Write ♯ 语句来完成。

随机文件是按照记录号直接访问相应的记录数据,其读写操作主要通过 Get ♯ 语句和 Put 语句来完成。随机文件是以记录为单位进行读写操作。

二进制文件读写访问类似随机文件,二进制文件以字节为单位进行读写操作。二进制文件访问适合各种类型文件。

使用文件系统控件创建访问文件系统的对话框更加直观,VB 提供 3 种文件系统控件:驱动器列表框(DriveListBox)、目录列表框(DirListBox)和文件列表框(FileListBox)。

习题 8

1. 根据数据的组成形式,文件可分为几类?各有何特点?
2. 根据数据访问方式,文件分为几类?各有何特点?
3. 顺序文件的读写语句操作各有何特点?
4. 写出以各种方式打开文件的 Open 语句。
5. 编写程序:

(1) 上机调试本章例题。

(2) 编写顺序文件读写程序,单击"添加"按钮,将一个学生的学号、姓名和成绩添加到 Score.txt 文件中;单击"读取计算"按钮,则从文件读取数据、计算总分和平均分,并在文本框显示出来。

第 9 章 数据库应用

学习导读

案例导入

"高校奖学金综合测评管理系统"的系统登录、编辑浏览、查询、统计分析和排序等均涉及数据库的访问,而存储数据的关系型数据库、嵌入到应用程序中的结构化查询语言 SQL、ADO 数据控件和 ADO 对象等功不可没。

知识要点

使用 VB 开发数据库应用程序,不仅要掌握 VB 程序设计语言的基础知识,还需掌握数据库相关的基础知识,如数据库的建立、连接和查询等基本操作。本章主要介绍关系数据库、典型 SQL 查询、ADO 控件、ADO 对象和数据控件编程等相关知识。

学习目标

- 了解关系数据库;
- 掌握典型 SQL 查询;
- 掌握 ADO 的数据访问技术;
- 掌握通过 VB 编写数据库应用程序的方法。

9.1 关系数据库

关系型数据库是支持关系模型的数据库系统,是应用最广泛的一种数据库系统。目前主流数据库管理系统 Sybase、Oracle、MS SQL Server、FoxPro、Access 等均是关系模型。

关系型数据库通过若干个二维表(Table)来存储数据,并且通过关系(Relation)将这些表联系起来。一个关系模型的逻辑结构是一张二维表,它由行和列组成,如图 9-1 所示。二维表中的行称为元组(又叫记录),列称为属性(又称字段)。在二维表中,如果一个属性或属性集的值能够唯一标识一个关系的元组,则称该属性或属性集为该关系的候选关键字。选择众多候

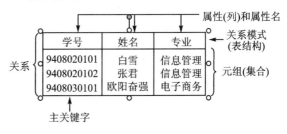

图 9-1 关系逻辑结构

选关键字中的一个作为主关键字,每个关系只能有一个主关键字。

关系数据库是以关系模型为基础的数据库。在关系模型中,现实世界中的实体以及实体与实体间的联系都是用关系来描述的。关系模型中主要有3种类型的关系:基本表、查询表和视图表。

基本表是指实际存在的表,具体的数据都存储在基本表中。

查询表是指查询结果相对应的表。

视图表是由一个或几个基本表或视图导出的表,是虚表,不对应实际存储的数据。其具体数据存储在基本表中。

学生、课程和选课联系间的参照关系与被参照关系如图9-2所示。

图 9-2　参照关系和被参照关系

9.2　典型 SQL 查询

结构化查询语言 SQL 是关系型数据库的标准语言,通过 SQL 命令,可以对数据库中的表数据进行查询和更新操作。SQL 语言主要有以下特点:

① SQL 是一种一体化的语言,它集数据定义、数据查询、数据操纵和数据控制等功能于一身,可以完成数据库活动中的全部工作。

② SQL 语言是一种高度非过程化的语言,它不用告诉计算机"如何"去做,而只需要描述清楚用户要"做什么",把要求交给系统,由系统自动完成全部工作。

③ SQL 语言非常简洁,只有为数不多的几条命令,但功能却很强,如表9-1所列。另外,SQL 的语法也简单易学、容易掌握。

④ SQL 语言使用方便、灵活。因为 SQL 既可以命令方式交互使用,也可以嵌入到程序设计语言中以程序方式使用。现在很多数据库应用开发工具都支持 SQL 语言。

表 9-1　SQL 命令

SQL 功能	命令
数据定义	CREATE、ALTER、DROP
数据查询	SELECT
数据操纵	INSERT、UPDATE、DELETE
数据控制	GRANT、REVOKE、DENY

本章 SQL 查询涉及的数据操作对象主要是"奖学金评定"数据库中所包含的二级学院、专业、班级、学生、选课、课程、教学计划等数据表，其关系如图 9-3 所示。

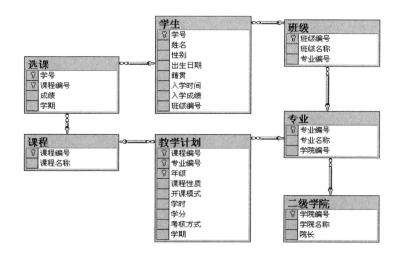

图 9-3　奖学金评定数据库对象

数据查询是结构化查询语言最重要的功能，可以通过 SQL SELECT 命令实现简单或复杂的查询，命令使用灵活、方便。

SQL SELECT 命令基本格式如下：

SELECT［ALL｜DISTINCT｜TOP］＜表达式＞［,＜表达式＞…］
［INTO ＜新表名＞］
FROM ＜表名＞［,＜表名＞…］
［WHERE ＜逻辑表达式＞］
［GROUP BY ＜列名＞［,＜列名＞…］［HAVING ＜逻辑表达式＞］］
［ORDER BY ＜列名＞［ASC｜DESC］,［＜列名＞［ASC｜DESC］］…］

说明：

① SELECT 列出要查询的结果；

② ALL｜DISTINCT 表示查询结果不去掉或去掉重复元组；

③ TOP 表示查询结果的前一组记录，必须与 ORDER BY 一起使用；

④ ＜表达式＞表中的列名、虚列（表达式），* 表示所有列；

⑤ INTO 查询结果存入新表；

⑥ FROM 查询的数据表或视图；

⑦ WHERE 查询条件；

⑧ GROUP BY 分组查询，HAVING 指出分组统计条件；

⑨ ORDER BY 查询结果排序方式，ASC 表示升序，DESC 表示降序，默认为升序。

9.2.1 单表查询

单表查询只涉及对一个数据表或视图的查询。

【例 9-1】 查询"学生"数据表中全体学生记录。

SELECT * FROM 学生

【例 9-2】 查询"学生"数据表中全体学生的学号、姓名和入学成绩。

SELECT 学号,姓名,入学成绩 FROM 学生

【例 9-3】 查询"学生"数据表中全体学生的学号、姓名和年龄。

SELECT 学号,姓名,YEAR(GETDATE()) - YEAR(出生日期) AS 年龄 FROM 学生

注：学生数据表中没有"年龄"列,可为查询列或表达式指定别名。

【例 9-4】 查询"学生"数据表中的生源。

SELECT DISTINCT 籍贯 FROM 学生

注：查询结果去掉重复的课程性质记录行。

【例 9-5】 查询"学生"数据表中入学成绩大于等于 500 分的学生记录。

SELECT * FROM 学生 WHERE 入学成绩 >= 500

【例 9-6】 查询"学生"数据表中入学成绩大于等于 550 分,而小于等于 600 分的学生记录。

SELECT * FROM 学生 WHERE 入学成绩 >= 550 AND 入学成绩 <= 600

或

SELECT * FROM 学生 WHERE 入学成绩 BETWEEN 550 AND 600

注：NOT BETWEEN 550 AND 600 表示小于 550 或大于 600。

【例 9-7】 查询"专业"数据表中学院编号为"06"和"08"的专业记录。

SELECT * FROM 专业 WHERE 学院编号 = '06' OR 学院编号 = '08'

或

SELECT * FROM 专业 WHERE 学院编号 IN ('06','08')

【例 9-8】 查询"学生"数据表中姓"张"的学生记录。

SELECT * FROM 学生 WHERE 姓名 = '张'

或

SELECT * FROM 学生 WHERE 姓名 LIKE '张%'

查询有精确查询和模糊查询,可以使用 LIKE 或 NOT LIKE 进行字符串匹配模

糊查询,其通配符如表 9-2 所列。

查询 24080201 班学号最后一位是 1 的所有学生记录:

SELECT * FROM 学生 WHERE 学号 LIKE '%1' AND 班级='24080201'

【例 9-9】 查询"学生"数据表中,生源为"辽宁"的学生记录,结果按入学成绩降序排列。

表 9-2 通配符

通配符	说 明
%	零个或多个任意字符
_(下划线)	任何一个字符

SELECT *
FROM 学生
WHERE 籍贯='辽宁'
ORDER BY 入学成绩 DESC

【例 9-10】 查询"学生"数据表中各生源地学生记录,结果按生源升序,相同生源中按入学成绩降序排列。

SELECT *
FROM 学生
ORDER BY 籍贯,入学成绩 DESC

【例 9-11】 查询"学生"数据表中,入学成绩为前 5 名学生记录。

SELECT TOP 5 *
FROM 学生
ORDER BY 入学成绩 DESC

注:默认升序,即 ORDER BY 入学成绩,为入学成绩后 5 名学生记录。

【例 9-12】 查询统计"学生"数据表中,各个生源地学生人数。

表 9-3 聚合函数

函 数	功 能
COUNT	计数(记录数)
SUM	求和(数值列)
AVG	平均值(数值列)
MAX	最大值
MIN	最小值

SELECT 籍贯,COUNT(*) AS 学生数
FROM 学生
GROUP BY 籍贯

SQL SELECT 查询可以直接对查询结果进行汇总计算和分组计算,实现汇总计算的函数称为聚合函数,SQL 中常用的聚合函数如表 9-3 所列。

【例 9-13】 查询统计"学生"数据表中的学生都来自几个省份。

SELECT COUNT(DISTINCT 籍贯) AS 生源地数
FROM 学生

注:COUNT(DISTINCT 生源地)对消除重复元组后的记录进行计数。

【例 9-14】 查询"学生"数据表中,哪些省份学生人数超过 30 个。

SELECT 籍贯,COUNT(*) AS 学生数

```
FROM  学生
GROUP BY  生源地
HAVING COUNT(*)>30
```

【例 9-15】 查询统计"学生"数据表中,各个省份学生的平均入学成绩。

```
SELECT  籍贯,AVG(入学成绩) AS  平均入学成绩
FROM  学生
GROUP BY 籍贯
```

9.2.2 连接查询

连接查询就是查询条件或查询结果涉及两个或多个数据表的查询。连接查询是关系数据库中最主要的查询,主要包括内连接、外连接和交叉连接等。

1. 内连接

内连接时,只有满足连接条件的记录信息才会出现在查询结果中。

【例 9-16】 查询 2015—2016(2)学期成绩在 90 分以上的所有学生的的学号、姓名、班级编号、课程名称和成绩。

```
SELECT  学生.学号,姓名,班级编号,课程名称,成绩
FROM  学生,选课,课程
WHERE  学生.学号=选修.学号 AND 选修.课程编号=课程.课程编号 AND 学期='2015-2016(2)' AND  成绩>90
```

或

```
SELECT  学生.学号,姓名,班级编号,课程名称,成绩
FROM  学生 JOIN  选修 JOIN  课程
ON  课程.课程编号=选修.课程编号
ON  选修.学号=学生.学号
WHERE 学期='2015-2016(2)' AND  成绩>90
```

注意:JOIN 的顺序与连接条件 ON 的顺序相反。

2. 外连接

外连接只限制一张表中的数据必须满足连接条件,而另一张表中的数据可以不满足连接条件。外连接主要包括左连接、右连接和完全连接。

【例 9-17】 查询 2015-2016(2)学期学生选课情况,包括选修课程的学生和没有选修课程的学生。

```
SELECT 学生.学号,姓名,课程编号,成绩
FROM  学生 LEFT JOIN  选修
ON  学生.学号=选修.学号
WHERE 学期='2015-2016(2)'
```

注意观察查询结果中满足条件和不满足条件的记录,没有选修课程的学生的课程编号和成绩显示什么值。

9.2.3 嵌套查询

嵌套查询就是将一个 SQL SELECT 查询(称为子查询或内层查询)的结果作为另一个 SQL SELECT 查询(称为父查询或外层查询)的条件。下面主要介绍嵌套查询中使用 IN 运算的子查询。

在带有 IN 运算的子查询中,子查询的结果是一个集合。父查询通过 IN 运算符将父查询中的一个表达式与子查询结果集中的每一个值进行比较,如果表达式的值与子查询中的某个值相等,IN 运算返回 TRUE,否则返回 FALSE。NOT IN 与 IN 返回结果相反。

IN 子查询用于进行一个给定值是否在子查询结果集中的判断。

【例 9-18】 查询"经济与管理学院"都有哪些专业。

```
SELECT *
FROM 专业
WHERE 学院编号 IN( SELECT 学院编号
                FROM 二级学院
                WHERE 学院名称 = '经济与管理学院')
```

查询结果来自"专业"数据表,但查询条件"学院名称"在表中并不存在,可以先从"二级学院"数据表中查询"经济与管理学院"的学院编号,然后再将查询的学院编号作为"专业"数据表的查询条件,查询相应专业。

【例 9-19】 查询与梦桐在同一个班级的所有同学的信息。

```
SELECT *
FROM 学生
WHERE 班级编号 IN( SELECT 班级编号
                FROM 学生
                WHERE 姓名 = '梦桐')
```

【例 9-20】 查询 2015 年入学的"梦桐"在哪个二级学院学习。

```
SELECT 学院名称
FROM 二级学院
WHERE 学院编号 IN(SELECT 学院编号
              FROM 专业
              WHERE 专业编号 IN(SELECT 专业编号
                           FROM 班级
                           WHERE 班级编号 IN(SELECT 班级编号
                                        FROM 学生
                                        WHERE 入学时间 = '2015' AND
                                              姓名 = '梦桐')))
```

本例查询过程:

入学时间 = '2015' AND 姓名 = '梦桐'→
班级编号(学生)→专业编号(班级)→学院编号(专业)→学院名称(二级学院)

9.3 ADO 控件

ADO(ActiveX Data Objects)是一个功能强大的数据库应用编程接口,应用程序可以通过 ADO 实现对数据库的连接、对数据的查询、修改等。ADO 适用于 SQL Server、Oracle、Access 等关系型数据库,也适合 Excel 表格、电子邮件系统、图形格式、文本文件等数据资源,具有易于使用、高速、低内存开销和较小磁盘占用等优点。

VB 6.0 提供了一个图形控件 ADO Data Control,便于用户使用 ADO 数据访问技术,设计编写数据库应用程序。

ADO 控件属于 ActiveX 控件,在使用之前,应执行"工程"菜单中的"部件"命令,在弹出的对话框中选择"Microsoft ADO Data Controls 6.0(OLE DB)"复选框,将其添加到工具箱中,如图 9-4 所示。

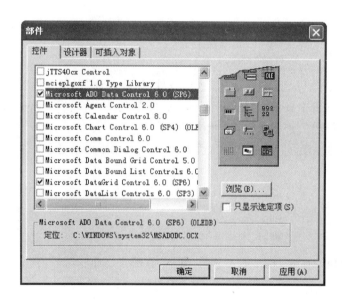

图 9-4 添加 ADO 控件

9.3.1 ADO 控件应用基础

1. 使用 ADO 控件访问数据库的步骤

使用 ADO 控件访问数据库的步骤如下:

① 在窗体上添加 ADO 数据控件。

② 使用 ADO 连接对象,建立与数据提供者之间的联系。

③ 使用 ADO 命令对象操作数据源,从数据源中产生记录集并存放在内存中。

④ 建立记录集与数据绑定控件的关联,在窗体上显示数据。

2. ADO 控件的主要属性和方法

（1）ConnectionString 属性

ConnectionString 属性是一个字符串，包含与数据源连接的相关信息。如连接学生数据库中学生成绩表的 ConnectionString 属性设置如下：

```
Provider=Microsoft.Jet.OLEDB.4.0;Data Source=E:\2012VB 教材\vb 教材程序\abc\学生.mdb;Persist Security Info=False
```

其中：Provider 指定连接提供程序的名称，Data Source 用于指定要连接的数据源文件。

（2）CommandType 属性

CommandType 属性用于指定获取记录源的命令类型，如表 9-4 所列。

表 9-4 CommandType 属性

属性值	常量	说明
1	adCmdText	RecordSource 设置为命令文本，一般使用 SQL 语句
2	adCmdTable	RecordSource 设置为单个表名
4	adCmdStoredProc	RecordSource 设置为存储过程
8	adCmdUnknow	命令类型未知，一般使用 SQL 语句

（3）RecordSource 属性

RecordSource 属性确定具体可访问的数据来源（单个表名或 SQL 语句），这些数据构成记录集对象 Recordset。

① 记录集对象为"学生"表

```
Adodc1.RecordSource = "学生"
```

② 记录集对象为入学成绩大于 550 的学生

```
Adodc1.RecordSource = "select * from 学生 where 入学成绩>550"
```

（4）Recordset 属性

Recordset 属性产生 ADO 数据控件实际可操作的记录集对象。

获取记录集中当前记录的字段值：

① `Name = Adodc1.Recordset.Fields("姓名")`
② `Name = Adodc1.Recordset.Fields(1)` '1 是姓名字段在表中的序号,第一个字段序号为 0

（5）Refresh 方法

Refresh 方法用于刷新 ADO 数据控件的连接属性，并重建记录集对象。例如，

```
Adodc1.Refresh
```

9.3.2 数据绑定

在 Visual Basic 中,ADO 控件只是从数据库中生成实际操作的记录集,并不能直接显示记录集对象中的数据,而是必须通过能与其绑定的控件来实现。绑定控件是指具有 DataSource 属性的控件,TextBox、DataGrid 控件等都是常用的绑定控件。

1. 数据绑定过程

在程序运行时,绑定控件自动连接到 ADO 数据控件生成的记录集的某个字段,从而保证绑定控件上的数据与记录集数据之间自动同步一致。

ADO 数据控件在绑定控件与数据库中的数据表之间起到桥梁作用,绑定控件通过 ADO 数据控件使用记录集内的数据,再由 ADO 控件将记录集连接到数据库中的数据表。

为使绑定控件自动连接及显示记录集中的某个字段,需要设置控件的两个属性:
① DataSource 属性,指定一个有效的 ADO 数据控件将绑定控件连接到数据源。
② DataField 属性,设置记录集中有效的字段与绑定控件之间的联系。

应用程序窗体设计时,可以进行简单数据绑定和复杂数据绑定。

2. 简单数据绑定

简单数据绑定就是将控件绑定到单个数据字段,每个控件仅显示数据集中的一个字段值。最常用的简单数据绑定是将数据绑定到文本框和标签。

3. 复杂数据绑定

复杂数据绑定允许将多个数据字段绑定到一个控件上,同时显示记录集中的多行或多列。DataGrid、MSHFlexGrid、DataList 和 DataCombo 等控件都支持复杂数据绑定。

9.3.3 记录集对象

在 Visual Basic 中,只能通过记录集对象 RecordSet 对数据库中的数据记录进行浏览和操作,对记录集的操作最终会体现在原始数据表中。记录集是一种操作数据库的工具,通过它的属性和方法实现对记录集的操作控制。

记录集对象是 ADO 的三个独立对象(Connection、Recordset 和 Command)之一,Recordset 对象包含了从数据源得到的记录集。三个对象之间的逻辑关系可以理解为:通过设置连接的服务器的名字、数据库的名字、用户的名字和访问的密码等建立同数据库的连接(Connection)。通过连接发送一个查询的命令(Command)到数据库服务器上。数据库服务器执行查询,把查询到的数据存储到 Recordset 中返回给用户。

9.3.4 浏览记录集

1. 相关属性

（1）AbsoloutePostion 属性

返回当前记录指针值，从 1 到 Recordset 对象所含记录数。

在浏览数据时，可以利用 AbsoloutePostion 属性显示当前记录的位置，程序代码如下：

```
Text1.Text = "第 " & Adodc1.Recordset.AbsoloutePostion & " 条记录"
```

（2）BOF 和 EOF 的属性

BOF 判定记录指针是否在首记录之前。若 BOF 为 True，则当前位置位于记录集的第 1 条记录之前。EOF 判定记录指针是否在末记录之后。若 EOF 为 True，则当前位置位于记录集的最后 1 条记录之后。如果 BOF 和 EOF 的属性值都为 True，则记录集为空。

BOF 和 EOF 属性与 AbsoloutPostion 属性存在相关性：

① 记录指针位于 BOF，AbsoloutPostion 属性返回 AdPosBOF(-2)；

② 记录指针位于 EOF，AbsoloutPostion 属性返回 adPosEOF (-3)；

③ 记录集为空，AbsoloutPostion 属性返回 AdPosUnknown(-1)。

（3）RecordCount 属性

RecordCount 属性对 Recordset 对象中的记录计数，该属性为只读属性。在浏览数据时，显示记录总数和当前记录的位置，程序代码如下：

```
Text1.Text = Adodc1.Recordset.AbsoloutePostion & "/" & Adodc1.Recordset.RecordCount
```

（4）Filter 属性

Filter 属性对 Recordset 对象中的记录进行过滤。使用 Filter 属性可以实现简单查找和模糊查找的功能，程序代码如下：

```
Adodc1.Recordset.Filter = "姓名 Like '" + Trim(Text1(0)) + " * " + "'"
ViewData
Label1.Caption = "找到" & Adodc1.Recordset.RecordCount & "条满足条件的记录"
```

2. 相关方法

（1）Find 方法

Find 方法可在 RecordSet 对象中查找与指定条件相符的第一条记录，并使之成为当前记录。如果找不到，则记录指针指在记录集末尾。

Find 方法的一般形式如下：

```
Recordset.Find 搜索条件 [,[位移],[搜索方向],[开始位置]]
```

说明：① 搜索条件，包含用于搜索的字段名、比较运算符和数据。例如：

```
xm = Text1.Text
Adodc1.Recordset.Find  "姓名 = '" & xm & "'"
Adodc1.Recordset.Find  "姓名 Like'" & xm & " * " & "'"
gs = Val(Text2.Text)
Adodc1.Recordset.Find  "高数 = " & gs & ""
```

② 位移，默认值为 0，指定从开始位置位移 n 条记录后开始搜索。

③ 搜索方向，adSearchForward（记录集尾部）或 adSearchBackward（记录集开始）。

④ 开始位置，指定搜索的起始位置，默认从当前位置开始搜索。

（2）Move 方法

使用 Move 方法（代码）代替数据控件遍历记录集的操作。5 种 Move 方法是：

① MoveFirst，移至第一条记录。

```
Adodc1.Recordset.MoveFirst
```

② MoveLast，移至最后一条记录。

```
Adodc1.Recordset.MoveLast
```

③ MoveNext，移至下一条记录。

```
Adodc1.Recordset.MoveNext
```

④ MovePrevious，移至上一条记录。

```
Adodc1.Recordset.MovePrevious
```

⑤ Move n，向前或向后移 n 条记录。n＞0，从当前位置向记录集尾部移动；n＜0，从当前位置向记录集开始方向移动。

```
Adodc1.Recordset.Move 5
```

9.3.5 编辑记录集

1. 记录集数据的编辑方法

记录集数据的编辑方法主要包括如下 4 种方法：

① AddNew 方法，在记录集中增加一个新记录。

② Delete 方法，删除记录集中的当前记录。

③ Update 方法，确定所做的修改并保存到数据源中。

④ CancelUpdate 方法，取消未调用 Update 方法前对记录所做的所有修改。

2. 在记录集中增加新记录

在记录集中增加一条新记录通常要经过以下三步：

① 调用 AddNew 方法，在数据表内增加一条空记录。

② 给新记录各字段赋值。可以通过绑定控件直接输入，也可使用程序代码给字段赋值，用代码给字段赋值的格式为：

Adodc1.Recordset.Fields("字段名")=值
Adodc1.Recordset.Fields(字段序号)=值　　'第1个字段序号为0,依次为1、2、…

③ 调用 Update 方法,确定所做的添加,将缓冲区内的数据写入数据库。

注:如果使用 AddNew 方法添加了新的记录,但是没有使用 Update 方法而移动到其他记录,或者关闭了记录集,那么所做的输入将全部丢失,而且没有任何警告。

3. 删除记录集中的记录

删除记录集中的一条记录通常要经过以下三步:

① 定位被删除的记录使之成为当前记录。

② 调用 Delete 方法。

③ 移动记录指针。

注:使用 Delete 方法,当前记录立即删除,不加任何的警告或者提示。删除一条记录后,绑定控件仍旧显示该记录的内容。因此,必须移动记录指针刷新绑定控件。

4. 修改记录集中的记录

当改变数据项的的内容时,ADO 自动进入编辑状态,在对数据编辑后,只要改变记录集的指针或调用 Update 方法,即可确定所做的修改。

5. 取消记录集中的记录修改

如果要放弃对数据的所有修改,必须在 Update 前使用 CancelUpdate 方法。

9.3.6　数据库访问实例

编辑、查询和统计是数据库应用程序中最重要的功能,主要通过 SQL 语句来实现。下面通过几个实例来说明数据库应用程序中的编辑、查询和统计功能的实现。

【例 9-21】 设计一个数据浏览窗口,用网格形式浏览"奖学金评定.mdb"数据库中"学生信息"表信息,如图 9-5 所示。

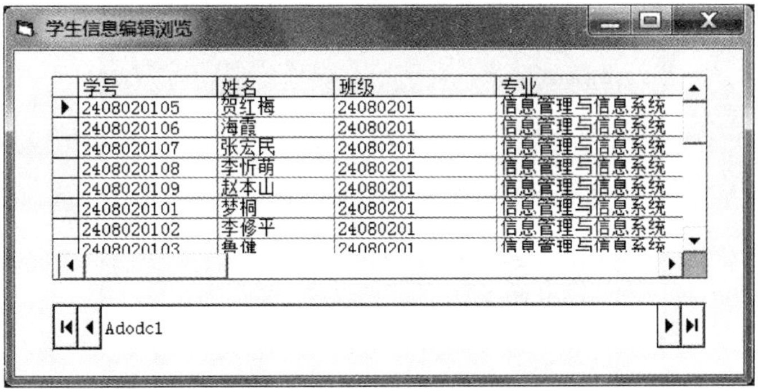

图 9-5　浏览"学生信息"表

设计步骤如下:

① 将 ADO 数据控件和 DataGrid 控件添加到窗体的适当位置,ADO 控件默认名为 Adodc1,如图 9-6 所示。

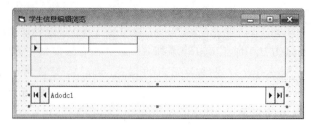

图 9-6 学生成绩浏览窗口设计

② 右击 ADO 数据控件,执行快捷菜单中的"ADODC 属性"命令。

③ 在弹出的"属性页"窗口中,选择"使用连接字符串",如图 9-7 所示。

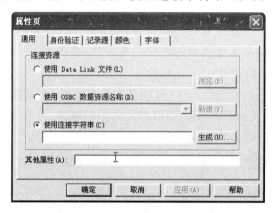

图 9-7 ADO 控件属性页对话框

④ 单击"生成"按钮,弹出"数据链接属性"对话框,选择"Microsoft Jet 4.0 OLE DB Provider",如图 9-8 所示。

图 9-8 ADO 控件数据链接属性对话框

⑤ 单击"下一步"按钮,切换到"连接"选项卡,选择或输入数据库名称(奖学金评定.mdb),单击"测试连接(T)"按钮,测试数据库是否连接成功,如图 9-9 所示。

图 9-9 选择要连接的数据库

⑥ 单击"确定"按钮,回到"属性页"对话框,如图 9-10 所示。

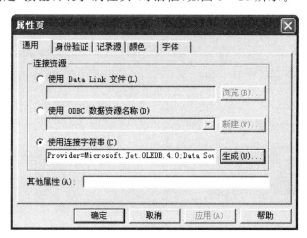

图 9-10 连接数据库后的 ADO 属性页

⑦ 单击"记录源"选项卡,设置"命令类型"、选择数据表(学生信息表),如图 9-11 所示。

⑧ 单击"确定"按钮,完成 Access 数据库的连接。

⑨ 选定 DataGrid 控件,在属性窗口将 DataSource 属性设置为 Adodc1,将网格绑定到产生的记录集,如图 9-12 所示。

⑩ 运行程序,即可浏览"学生信息"表中的数据,如图 9-5 所示。

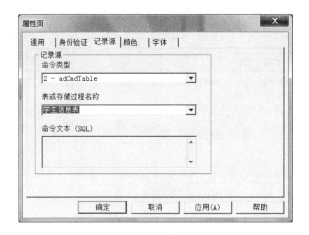

图 9-11　记录源设置

图 9-12　数据源设置

【例 9-22】　设计数据浏览窗口：用文本框和网格两种形式浏览"奖学金评定.mdb"数据库中"学生信息"表信息，如图 9-13 所示。

图 9-13　数据浏览窗口

简单设计步骤:

① 界面设计,在窗体上添加 1 个 ADO 数据控件、1 个 Frame 控件、4 个标签和 4 个文本框。

② 建立数据源连接和产生记录集,如表 9-5 所列。

表 9-5　ADO 控件数据连接属性

属　性	属性值	说　明
ConnectionString	Provider=Microsoft.Jet.OLEDB.4.0; Data Source=奖学金评定.mdb; Persist Security Info=False	数据连接提供者 连接到奖学金评定.mdb 对数据库的管理不使用安全信息
CommandType	adCmdTable	从单个表中获取记录源
RecordSource	学生信息表	用学生信息表的数据构成记录集

③ 数据绑定,将 4 个文本框控件 Text1~Text4 和网格控件 DataGrid1 的 DataSource 属性都设置成 Adodc1;设置 4 个文本框控件的 DataField 属性,分别绑定记录集中相应字段,如图 9-14 所示。

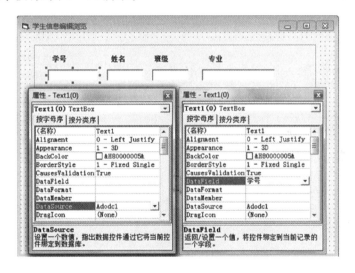

图 9-14　数据绑定

运行窗体,单击 ADO 数据控件上的 4 个箭头按钮遍历整个记录集,如图 9-13 所示。

【例 9-23】　在[例 9-22]基础上,增加 2 个命令按钮组实现遍历记录、查找、新增、删除、更新和关闭等功能,如图 9-15 所示。

事件过程代码如下:

```
Private Sub Command1_Click(Index As Integer)
    Select Case Index
```

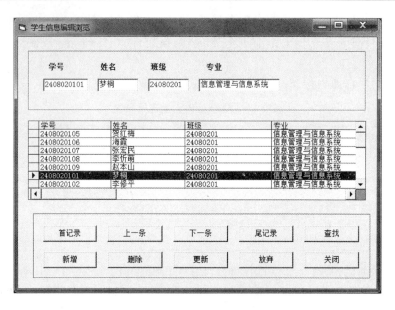

图 9-15 记录集浏览和编辑

```
    Case 0
        Adodc1.Recordset.MoveFirst                              '第一条
    Case 1
        Adodc1.Recordset.MovePrevious                           '上一条
        If Adodc1.Recordset.BOF Then Adodc1.Recordset.MoveFirst
    Case 2
        Adodc1.Recordset.MoveNext                               '下一条
        If Adodc1.Recordset.EOF Then Adodc1.Recordset.MoveLast
    Case 3
        Adodc1.Recordset.MoveLast                               '最后一条
    Case 4
        Dim mno As String
        zy = InputBox("请输入专业","查找")                      '将输入值存到变量内
        Adodc1.Recordset.Find "专业 like  '" & zy & "'",,,1     '用 Find 方法查找
        If Adodc1.Recordset.EOF Then MsgBox "无此专业的学生!",,"提示"
    End Select
End Sub
Private Sub Command2_Click(Index As Integer)
    Dim yn As Integer
    Select Case Index
    Case 0
        Adodc1.Recordset.AddNew                                 '添加一条空记录
    Case 1
        yn = MsgBox("删除否?", vbYesNo + vbQuestion,"提示")
        If yn = 6 Then
            Adodc1.Recordset.Delete                             '调用 Delete 方法
            Adodc1.Recordset.MoveNext                           '移动记录指针,刷新绑定控件显示
            If Adodc1.Recordset.EOF Then Adodc1.Recordset.MoveLast
```

```
            End If
        Case 2
            Adodc1.Recordset.Update              '调用 Update 方法
        Case 3
            Adodc1.Recordset.CancelUpdate        '调用 CancelUpdate 方法
        Case 4
            End
    End Select
End Sub
```

【例 9 - 24】 设计实现"奖学金综合测评系统"的"学期开课"选择确认功能，如图 9 - 16 所示。

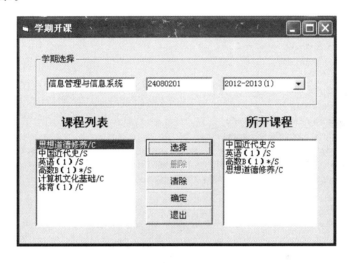

图 9 - 16 "学期开课"选择确认界面

事件过程代码如下：

```
Private Sub Combo1_Click()
    List1.Clear
    xq = Combo1.Text
    Adodc2.RecordSource = "select 课程名称,考核方式 from 教学计划表 where 学期 = '" & xq & "'"
    Adodc2.Refresh
    If Adodc2.Recordset.EOF = False Then
        Adodc2.Recordset.MoveFirst
        Do While Adodc2.Recordset.EOF = False
            If Adodc2.Recordset.Fields(1) = "考试" Then
                List1.AddItem Adodc2.Recordset.Fields(0) + "/S"
            Else
                List1.AddItem Adodc2.Recordset.Fields(0) + "/C"
            End If
            Adodc2.Recordset.MoveNext
        Loop
    End If
```

```
End Sub
Private Sub Command1_Click()
    List2.AddItem List1.Text
    Command3.Enabled = (List2.ListCount <> 0)
    Command4.Enabled = (List2.ListCount <> 0)
End Sub
Private Sub Command2_Click()
    List2.RemoveItem List2.ListIndex
    Command2.Enabled = (List2.ListIndex <> -1)
    Command3.Enabled = (List2.ListCount <> 0)
End Sub
Private Sub Command3_Click()
    List2.Clear
    Command1.Enabled = False
    Command2.Enabled = False
    Command3.Enabled = False
    Command4.Enabled = False
End Sub
Private Sub Command4_Click()
    Adodc3.Refresh
    For i = 0 To List2.ListCount - 1
        Adodc3.Recordset.AddNew
        Adodc3.Recordset.Fields(1) = Mid(List2.List(i), 1, Len(List2.List(i)) - 2)
        Adodc3.Recordset.Fields(5) = Right(List2.List(i), 1)
        Adodc3.Recordset.Fields(6) = Trim(Combo1.Text)
    Next i
    Adodc3.Recordset.AddNew
    MsgBox Trim(Combo1.Text) + "学期 " + Trim(Text2) + " 班级所开课程选择保存完毕!", , "提示"
End Sub
Private Sub Command5_Click()
    'End
    Me.Hide
End Sub
Private Sub Form_Load()
    Adodc1.Refresh
    Adodc1.Recordset.MoveFirst
    Text1 = Adodc1.Recordset.Fields(0)
    Text2 = Adodc1.Recordset.Fields(1)
    For i = 3 To 10
        Combo1.AddItem Adodc1.Recordset.Fields(i)
    Next i
    Adodc2.Refresh
    Adodc2.Recordset.MoveFirst
    Do While Adodc2.Recordset.EOF = False
        List1.AddItem Adodc2.Recordset.Fields(1)
        Adodc2.Recordset.MoveNext
    Loop
    Command1.Enabled = False
    Command2.Enabled = False
    Command3.Enabled = False
```

```
        Command4.Enabled = False
    End Sub
    Private Sub List1_Click()
        Command1.Enabled = List1.ListIndex <> -1
    End Sub
    Private Sub List2_Click()
        Command2.Enabled = List1.ListIndex <> -1
    End Sub
```

【例 9 - 25】 设计实现"奖学金综合测评系统"的"学期开课编辑浏览"功能,如图 9 - 17 所示。

图 9 - 17 "学期开课编辑浏览"界面

事件过程代码如下:

```
Private Sub Form_Load()
    Adodc1.RecordSource = "select * from 专业班级表"
    Adodc1.Refresh
    If Adodc1.Recordset.RecordCount > 0 Then
        ListView1.Refresh
        Adodc1.Recordset.MoveFirst
        ListView1.ListItems.Add , , Adodc1.Recordset.Fields("学期1")
        ListView1.ListItems.Add , , Adodc1.Recordset.Fields("学期2")
        ListView1.ListItems.Add , , Adodc1.Recordset.Fields("学期3")
        ListView1.ListItems.Add , , Adodc1.Recordset.Fields("学期4")
        ListView1.ListItems.Add , , Adodc1.Recordset.Fields("学期5")
        ListView1.ListItems.Add , , Adodc1.Recordset.Fields("学期6")
        ListView1.ListItems.Add , , Adodc1.Recordset.Fields("学期7")
        ListView1.ListItems.Add , , Adodc1.Recordset.Fields("学期8")
    End If
End Sub
Private Sub ListView1_Click()
    Adodc2.RecordSource = "select 课程名称,考核方式,学期 from 学期开课表 where 学期 = '" & ListView1.SelectedItem & "'"
    Adodc2.Refresh
End Sub
```

【例 9-26】 设计实现"奖学金综合测评系统"的课程统计功能,如图 9-18 所示。

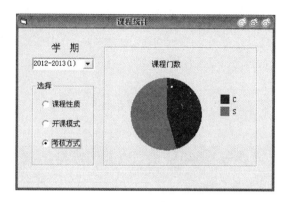

图 9-18 学期"课程统计"功能界面

事件过程代码如下:

```
Private Sub Form_Load()
    Adodc1.Refresh
    Adodc1.Recordset.MoveFirst
    For i = 3 To 10
        Combo1.AddItem Adodc1.Recordset.Fields(i)
    Next i
End Sub
Private Sub Option1_Click()
    MSChart1.Visible = True
    Adodc2.RecordSource = "select 课程性质,count( * ) as 课程门数 from 学期开课表 group by 课程性质"
    Adodc2.Refresh
End Sub
Private Sub Option2_Click()
    MSChart1.Visible = True
    Adodc2.RecordSource = "select 开课模式,count( * ) as 课程门数 from 学期开课表 group by 开课模式"
    Adodc2.Refresh
End Sub
Private Sub Option3_Click()
    MSChart1.Visible = True
    Adodc2.RecordSource = "select 考核方式,count( * ) as 课程门数 from 学期开课表 group by 考核方式"
    Adodc2.Refresh
End Sub
```

【例 9-27】 设计实现"奖学金综合测评系统"的"学生成绩编辑浏览"功能,如图 9-19 所示。

事件过程代码如下:

```
Private Sub Combo1_Click()
```

第9章 数据库应用

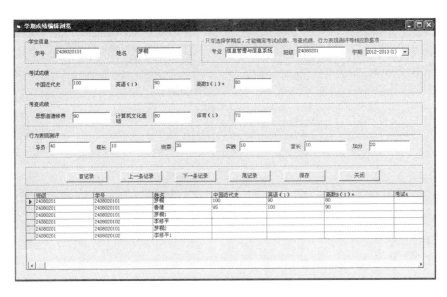

图 9-19 "学期成绩编辑浏览"功能界面

```
Dim i%
xq = Combo1.Text
Adodc4.RecordSource = "select * from 学生信息表"
Adodc2.RecordSource = "select * from 奖学金成绩表 where 学期 = '" & xq & "'"
Adodc2.Refresh
If Adodc2.Recordset.RecordCount > 0 Then
    Label3(0).Visible = True : Text3(0).Visible = True : Label4(0).Visible = True
    Text4(0).Visible = True : Text1(0).Enabled = True : Text1(1).Enabled = True
    Text5(0).Enabled = True : Text5(1).Enabled = True : Text5(2).Enabled = True
    Text5(3).Enabled = True : Text5(4).Enabled = True : Text5(5).Enabled = True
    DataGrid1.Enabled = True
    '动态生成数据项
    i = 1
    ksfield = "考试" & i
    Adodc2.Refresh
    Adodc3.RecordSource = "select * from 学期开课表 where 学期 = '" & xq & "'" &
" and 考核方式 = 'S'"
    Adodc3.Refresh
    Adodc3.Recordset.MoveFirst
    Label3(0).Caption = Adodc3.Recordset.Fields("课程名称")
    Set Text3(0).DataSource = Adodc2
    Text3(0).DataField = ksfield
    'Text3(0) = Adodc2.Recordset.Fields(3)
    Adodc3.Recordset.MoveNext
    Do While Adodc3.Recordset.EOF = False
        Load Label3(i)
        Load Text3(i)
        ks = i + 1
        ksfield = "考试" & ks
```

207

```
                Label3(i).Left = Label3(0).Left + i * (Label3(0).Width + Text3(i).Width + 300)
                Label3(i).Visible = True
                Label3(i).Caption = Trim(Adodc3.Recordset.Fields("课程名称"))
                Text3(i).Left = Text3(0).Left + i * (Text3(0).Width + Label3(0).Width + 300)
                Text3(i).Visible = True
                'Text3(i) = Adodc2.Recordset.Fields(ks)
                Set Text3(i).DataSource = Adodc2
                Text3(i).DataField = ksfield
                Adodc3.Recordset.MoveNext
                i = i + 1
            Loop
            i = 1
            ksfield = "考查1"
            Adodc2.Refresh
            Adodc3.RecordSource = "select * from 学期开课表 where 学期 = '" & xq & "'" &
" and 考核方式 = 'C'"
            Adodc3.Refresh
            Adodc3.Recordset.MoveFirst
            Label4(0).Caption = Adodc3.Recordset.Fields("课程名称")
            Set Text4(0).DataSource = Adodc2
            Text4(0).DataField = ksfield
            Adodc3.Recordset.MoveNext
            Do While Adodc3.Recordset.EOF = False
                Load Label4(i)
                Load Text4(i)
                kc = i + 1
                kcfield = "考查" & kc
                Label4(i).Left = Label4(0).Left + i * (Label4(0).Width + Text4(i).Width + 300)
                Label4(i).Visible = True
                Label4(i).Caption = Adodc3.Recordset.Fields("课程名称")
                Text4(i).Left = Text4(0).Left + i * (Text4(0).Width + Label4(0).Width + 300)
                Text4(i).Visible = True
                Set Text4(i).DataSource = Adodc2
                Text4(i).DataField = kcfield
                Adodc3.Recordset.MoveNext
                i = i + 1
            Loop
        Else
            Label3(0).Visible = True: Text3(0).Visible = True: Label4(0).Visible = True
            Text4(0).Visible = True: Text1(0).Enabled = True: Text1(1).Enabled = True
            Text5(0).Enabled = True: Text5(1).Enabled = True: Text5(2).Enabled = True
            Text5(3).Enabled = True: Text5(4).Enabled = True: Text5(5).Enabled = True
            DataGrid1.Enabled = True
            Adodc4.Refresh
            Adodc4.Recordset.MoveFirst
            Do While Adodc4.Recordset.EOF = False
                Adodc2.Recordset.AddNew
                Adodc2.Recordset.Fields("班级") = Adodc4.Recordset.Fields("班级")
                Adodc2.Recordset.Fields("学号") = Adodc4.Recordset.Fields("学号")
                Adodc2.Recordset.Fields("姓名") = Adodc4.Recordset.Fields("姓名")
```

```
            Adodc2.Recordset.Fields("学期") = xq
            Adodc4.Recordset.MoveNext
        Loop
        'Adodc2.Recordset.AddNew
        '动态生成数据项
        i = 1
        ksfield = "考试" & i
        Adodc2.Refresh
        Adodc3.RecordSource = "select * from 学期开课表 where 学期 = '" & xq & "'" & _
" and 考核方式 = 'S'"
        Adodc3.Refresh
        Adodc3.Recordset.MoveFirst
        Label3(0).Caption = Adodc3.Recordset.Fields("课程名称")
        Set Text3(0).DataSource = Adodc2
        Text3(0).DataField = ksfield
        'Text3(0) = Adodc2.Recordset.Fields(3)
        Adodc3.Recordset.MoveNext
        Do While Adodc3.Recordset.EOF = False
            Load Label3(i)
            Load Text3(i)
            ks = i + 1
            ksfield = "考试" & ks
            Label3(i).Left = Label3(0).Left + i * (Label3(0).Width + Text3(0).Width + 300)
            Label3(i).Visible = True
            Label3(i).Caption = Trim(Adodc3.Recordset.Fields("课程名称"))
            Text3(i).Left = Text3(0).Left + i * (Text3(0).Width + Label3(0).Width + 300)
            Text3(i).Visible = True
            'Text3(i) = Adodc2.Recordset.Fields(ks)
            Set Text3(i).DataSource = Adodc2
            Text3(i).DataField = ksfield
            Adodc3.Recordset.MoveNext
            i = i + 1
        Loop
        i = 1
        ksfield = "考查 1"
        Adodc2.Refresh
        Adodc3.RecordSource = "select * from 学期开课表 where 学期 = '" & xq & "'" & _
" and 考核方式 = 'C'"
        Adodc3.Refresh
        Adodc3.Recordset.MoveFirst
        Label4(0).Caption = Adodc3.Recordset.Fields("课程名称")
        Set Text4(0).DataSource = Adodc2
        Text4(0).DataField = ksfield
        Adodc3.Recordset.MoveNext
        Do While Adodc3.Recordset.EOF = False
            Load Label4(i)
            Load Text4(i)
            kc = i + 1
            kcfield = "考查" & kc
            Label4(i).Left = Label4(0).Left + i * (Label4(0).Width + Text4(0).Width + 300)
```

```
            Label4(i).Visible = True
            Label4(i).Caption = Adodc3.Recordset.Fields("课程名称")
            Text4(i).Left = Text4(0).Left + i * (Text4(0).Width + Label4(0).Width + 300)
            Text4(i).Visible = True
            Set Text4(i).DataSource = Adodc2
            Text4(i).DataField = kcfield
            Adodc3.Recordset.MoveNext
            i = i + 1
        Loop
    End If
    Adodc3.RecordSource = "select * from 学期开课表 where 学期 = '" & xq & "'" & " and 考核方式 = 'S'"
    Adodc3.Refresh
    j = 3
    Adodc3.Recordset.MoveFirst
    Do While Adodc3.Recordset.EOF = False
        DataGrid1.Columns(j).Caption = Adodc3.Recordset.Fields("课程名称")
        Adodc3.Recordset.MoveNext
        j = j + 1
    Loop
    Adodc3.RecordSource = "select * from 学期开课表 where 学期 = '" & xq & "'" & " and 考核方式 = 'C'"
    Adodc3.Refresh
    j = 13
    Adodc3.Recordset.MoveFirst
    Do While Adodc3.Recordset.EOF = False
        DataGrid1.Columns(j).Caption = Adodc3.Recordset.Fields("课程名称")
        Adodc3.Recordset.MoveNext
        j = j + 1
    Loop
End Sub
Private Sub Command1_Click(Index As Integer)
    Select Case Index
    Case 0
        Adodc2.Recordset.MoveFirst
    Case 1
        Adodc2.Recordset.MovePrevious
        If Adodc2.Recordset.BOF Then Adodc2.Recordset.MoveFirst
    Case 2
        Adodc2.Recordset.MoveNext
        If Adodc2.Recordset.EOF Then Adodc2.Recordset.MoveLast
    Case 3
        Adodc2.Recordset.MoveLast
    Case 4
        Adodc2.Recordset.Update
    Case 5
        'End
        Me.Hide
    End Select
End Sub
```

```
Private Sub Form_Load()
    Adodc1.RecordSource = "select * from 专业班级表"
    Adodc1.Refresh
    If Adodc1.Recordset.RecordCount > 0 Then
        Combo1.Refresh
        Adodc1.Recordset.MoveFirst
        Combo1.AddItem Adodc1.Recordset.Fields("学期1")
        Combo1.AddItem Adodc1.Recordset.Fields("学期2")
        Combo1.AddItem Adodc1.Recordset.Fields("学期3")
        Combo1.AddItem Adodc1.Recordset.Fields("学期4")
        Combo1.AddItem Adodc1.Recordset.Fields("学期5")
        Combo1.AddItem Adodc1.Recordset.Fields("学期6")
        Combo1.AddItem Adodc1.Recordset.Fields("学期7")
        Combo1.AddItem Adodc1.Recordset.Fields("学期8")
        Text2(0) = Adodc1.Recordset.Fields("专业")
        Text2(1) = Adodc1.Recordset.Fields("班级")
    End If
    Label3(0).Visible = False：Text3(0).Visible = False；Label4(0).Visible = False
    Text4(0).Visible = False；Text1(0).Enabled = False；Text1(1).Enabled = False
    Text5(0).Enabled = False；Text5(1).Enabled = False；Text5(2).Enabled = False
    Text5(3).Enabled = False；Text5(4).Enabled = False；Text5(5).Enabled = False
    DataGrid1.Enabled = False
End Sub
```

【例 9-28】 设计实现"奖学金综合测评系统"的奖学金计算、排名和查询功能，如图 9-20 所示。

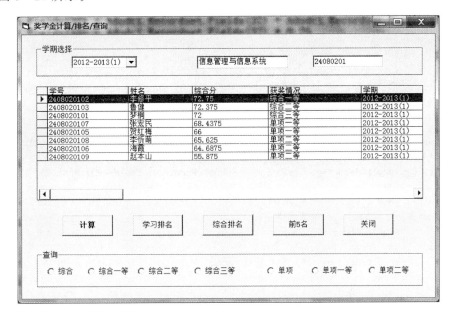

图 9-20 "奖学金计算/排名/查询"功能界面

事件过程代码如下：

```
Private Sub Combo1_Click()
    Adodc1.RecordSource = "select * from 奖学金成绩表 where 学期 = '" & Combo1 & "'"
    Adodc1.Refresh
End Sub
Private Sub Command1_Click()
    Adodc3.RecordSource = "select * from 学期开课表 where 学期 = '" & Combo1 & "' and 考核方式 = 'S'"
    Adodc3.Refresh
    kscount = Adodc3.Recordset.RecordCount
    Adodc3.RecordSource = "select * from 学期开课表 where 学期 = '" & Combo1 & "' and 考核方式 = 'C'"
    Adodc3.Refresh
    kccount = Adodc3.Recordset.RecordCount
    Adodc1.RecordSource = "select * from 奖学金成绩表 where 学期 = '" & Combo1 & "'"
    Adodc1.Refresh
    Print kscount, kccount
    Adodc1.Recordset.MoveFirst
    Do While Adodc1.Recordset.EOF = False
        '考试
        kssum = 0
        For i = 3 To kscount + 2
            kssum = kssum + Adodc1.Recordset.Fields(i)
        Next i
        Adodc1.Recordset.Fields(11) = kssum / kscount
        Adodc1.Recordset.Fields(12) = Adodc1.Recordset.Fields(11) * 0.75
        '考查
        kcsum = 0
        For i = 13 To kccount + 12
            kcsum = kcsum + Adodc1.Recordset.Fields(i)
        Next i
        Adodc1.Recordset.Fields(21) = kcsum / kccount
        Adodc1.Recordset.Fields(22) = Adodc1.Recordset.Fields(21) * 0.25
        '学习
        Adodc1.Recordset.Fields(23) = Adodc1.Recordset.Fields(12) + Adodc1.Recordset.Fields(22)
        Adodc1.Recordset.Fields(24) = Adodc1.Recordset.Fields(23) * 0.75
        '行为
        Adodc1.Recordset.Fields(32) = Adodc1.Recordset.Fields(26) + Adodc1.Recordset.Fields(27) + Adodc1.Recordset.Fields(28)
        Adodc1.Recordset.Fields(32) = Adodc1.Recordset.Fields(32) + Adodc1.Recordset.Fields(29) + Adodc1.Recordset.Fields(30) + Adodc1.Recordset.Fields(31)
        Adodc1.Recordset.Fields(33) = Adodc1.Recordset.Fields(32) * 0.25
        '综合
        Adodc1.Recordset.Fields(35) = Adodc1.Recordset.Fields(24) + Adodc1.Recordset.Fields(33)
        Adodc1.Recordset.MoveNext
    Loop
    Adodc1.RecordSource = "select * from 奖学金成绩表 where 学期 = '" & Combo1 & "'"
```

```
        Adodc1.Refresh
    End Sub
    Private Sub Command2_Click()
        Adodc1.RecordSource = "select 学号,姓名,综合分,获奖情况,学期 from 奖学金成绩表 where 学期 = '" & Combo1 & "' order by 学习成绩 desc "
        Adodc1.Refresh
    End Sub
    Private Sub Command3_Click()
        Adodc1.RecordSource = "select 学号,姓名,综合分,获奖情况,学期 from 奖学金成绩表 where 学期 = '" & Combo1 & "' order by 综合分 desc "
        Adodc1.Refresh
    End Sub
    Private Sub Command4_Click()
        Adodc1.RecordSource = "select top 5 * from 奖学金成绩表 where 学期 = '" & Combo1 & "' order by 综合分 desc"
        Adodc1.Refresh
    End Sub
    Private Sub Command5_Click()
        'End
        Me.Hide
    End Sub
    Private Sub Form_Load()
        Adodc2.Refresh
        Adodc2.Recordset.MoveFirst
        Text1 = Adodc2.Recordset.Fields(0)
        Text2 = Adodc2.Recordset.Fields(1)
        For i = 3 To 10
        Combo1.AddItem Adodc2.Recordset.Fields(i)
        Next i
    End Sub
    Private Sub Option1_Click(Index As Integer)
        Select Case Index
        Case 0
            Adodc1.RecordSource = "select * from 奖学金成绩表 where 获奖情况 like '综合%' and 学期 = '" & Combo1 & "'"
            Adodc1.Refresh
        Case 1
            Adodc1.RecordSource = "select * from 奖学金成绩表 where 获奖情况 = '综合一等' and 学期 = '" & Combo1 & "'"
            Adodc1.Refresh
        Case 2
            Adodc1.RecordSource = "select * from 奖学金成绩表 where 获奖情况 = '综合二等' and 学期 = '" & Combo1 & "'"
            Adodc1.Refresh
        Case 3
            Adodc1.RecordSource = "select * from 奖学金成绩表 where 获奖情况 = '综合三等' and 学期 = '" & Combo1 & "'"
            Adodc1.Refresh
        Case 4
            Adodc1.RecordSource = "select * from 奖学金成绩表 where 获奖情况 like '单
```

项 %' and 学期 = '" & Combo1 & "'"
            Adodc1.Refresh
        Case 5
            Adodc1.RecordSource = "select * from 奖学金成绩表 where 获奖情况 = '单项一等' and 学期 = '" & Combo1 & "'"
            Adodc1.Refresh
        Case 6
            Adodc1.RecordSource = "select * from 奖学金成绩表 where 获奖情况 = '单项二等' and 学期 = '" & Combo1 & "'"
            Adodc1.Refresh
    End Select
End Sub
```

【例 9－29】 设计实现"奖学金综合测评系统"的"奖学金统计"功能，如图 9－21 和图 9－22 所示。

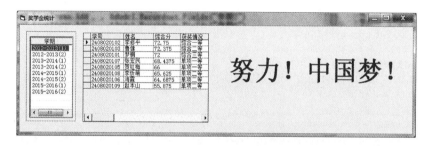

图 9－21　某学期"奖学金统计"功能界面 1

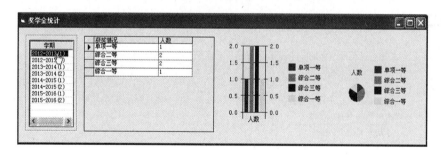

图 9－22　某学期"奖学金统计"功能界面 2

```
Private Sub Form_Load()
    Adodc1.RecordSource = "select * from 专业班级表"
    Adodc1.Refresh
    If Adodc1.Recordset.RecordCount > 0 Then
        ListView1.Refresh
        Adodc1.Recordset.MoveFirst
        ListView1.ListItems.Add , , Adodc1.Recordset.Fields("学期1")
        ListView1.ListItems.Add , , Adodc1.Recordset.Fields("学期2")
        ListView1.ListItems.Add , , Adodc1.Recordset.Fields("学期3")
        ListView1.ListItems.Add , , Adodc1.Recordset.Fields("学期4")
        ListView1.ListItems.Add , , Adodc1.Recordset.Fields("学期5")

```
            ListView1.ListItems.Add , , Adodc1.Recordset.Fields("学期 6")
            ListView1.ListItems.Add , , Adodc1.Recordset.Fields("学期 7")
            ListView1.ListItems.Add , , Adodc1.Recordset.Fields("学期 8")
        End If
        DataGrid1.Columns("学号").Width = 1100
        DataGrid1.Columns("姓名").Width = 1000
        DataGrid1.Columns("综合分").Width = 900
    End Sub
    Private Sub ListView1_Click()
        Label1.Visible = False
        MSChart1.Visible = True
        MSChart2.Visible = True
        Adodc2.RecordSource = "select 获奖情况,count(*) as 人数 from 奖学金成绩表 where 学期 = '" & ListView1.SelectedItem & "' group by 获奖情况"
        Adodc2.Refresh
    End Sub
```

【例 9 - 30】 设计数据查询窗口:用网格形式显示"学生.mdb"数据库中"学生成绩"表中被查询的记录信息,如图 9 - 23 和图 9 - 24 所示。

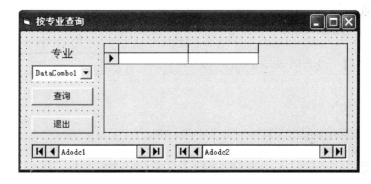

图 9 - 23 按专业查询窗口设计

图 9 - 24 按专业查询窗口

说明:① Adodc1 数据控件为 DataCombo1 数据绑定组合框控件提供数据源,其中记录源命令类型 1 - adCmdText

命令文本（SQL）　select distinct 专业 from 学生成绩
② DataCombo1 属性设置：RowSource 为 Adodc1；ListField 为"专业"。
③ Adodc2 数据库控件为 DataGrid 数据表格控件提供数据源，其中
记录源命令类型　1 - adCmdText
命令文本（SQL）　select distinct 专业 from　学生成绩
事件过程代码如下：

```
Private Sub Command1_Click()
    zy = DataCombo1.Text
    Adodc2.RecordSource = "select * from 学生成绩 where 专业 = '" & zy & "'"
    Adodc2.Refresh
End Sub
Private Sub Command2_Click()
    End
End Sub
```

思考：DataCombo1 数据绑定组合框控件和 DataGrid 数据表格控件是否可由一个 ADO 数据控件提供数据源记录集。

【例 9 - 31】　设计系统登录窗口如图 9 - 25 所示。

图 9 - 25　系统登录窗口

事件过程代码如下：

```
Private Sub Command1_Click()
    Dim MPassword As String
    Adodc1.RecordSource = "select * from 密码表 where username = '" & Text1.Text & "'"
    Adodc1.Refresh
    If Adodc1.Recordset.RecordCount > 0 Then
        MPassword = Adodc1.Recordset.Fields("password")
        If Text2.Text = MPassword Then
            Name1 = Text1.Text
            Form2.Show
            'frm_Main.Show
            Unload Me
        Else
            MsgBox "密码不正确,请您确认后重新输入",,"提示信息"
            Text2.Text = ""
            Text2.SetFocus
        End If
    Else
        MsgBox "对不起 没有此用户的信息",,"提示信息"
        Text1.Text = ""
        Text2.Text = ""
    End If
End Sub
```

```
Private Sub Form_Load()
    'Adodc1.RecordSource = "select * from 密码表"
    Adodc1.Refresh
    If Adodc1.Recordset.RecordCount > 0 Then
        ListView1.Enabled = True
        ListView1.ListItems.Clear
        i = 1
        Adodc1.Recordset.MoveFirst
        Do While Adodc1.Recordset.EOF = False
            Key = Adodc1.Recordset.Fields("username")
            Set itmX = ListView1.ListItems.add(, , Key, i)
            i = i + 1
            Adodc1.Recordset.MoveNext
        Loop
    Else
        ListView1.Enabled = False
    End If
End Sub
Private Sub ListView1_Click()
    Text1.Text = ListView1.SelectedItem
    'Adodc1.Refresh
    Text2.SetFocus
End Sub
```

9.4 其他数据控件编程

数据控件编程，除了前面介绍或涉及的 ADO 控件、DataGrid 和 DataCombo 控件外，Data 控件、MSFlexGrid 控件和 MSHFlexGrid 控件等也有很重要的应用。本节主要介绍 Data 控件、MSFlexGrid 控件和 MSHFlexGrid 控件在数据库编程中的应用。

9.4.1 Data 控件

数据控件 Data 是 Visual Basic 早期版本提供的访问数据库的工具。它提供了不需编程就能访问数据库的功能，类似于前面介绍的 ADO 控件（但功能不如 ADO 全面，应用也不如其灵活）。

Data 控件是一个数据连接采访对象。它能够将数据库中的数据信息，通过应用程序中的数据绑定控件连接起来，从而实现对数据库的操作。

1. Data 控件常用的属性

DatabaseName：创建 Data 控件与数据库之间的联系，可设置与 Data 控件连接的数据库文件名。

RecordSource：创建 Data 控件与数据库之间的联系，可设置 Data 控件的数据库中表文件名或 SQL 语句。

Connect：打开数据库的类型，默认值为 Access。

2．Data 控件浏览按钮

Data 控件数据浏览按钮如图 9－26 所示。其中 4 个浏览按钮分别把记录指针移向第一个记录，把记录指针移向当前可操作记录的上一个记录，把记录指针移向当前可操作记录的下一个记录，将把记录指针移向最后一个记录。

图 9－26　Data 控件

3．Data 控件常用方法

① ＜对象＞.Recordset.MoveFirst

功能：将记录指针移向第一个记录。

② ＜对象＞.Recordset.MovePrevious

功能：将记录指针移到当前可操作记录的上一个记录。

③ ＜对象＞.Recordset.MoveNext

功能：将记录指针移到当前可操作记录的下一个记录。

④ ＜对象＞.Recordset.MoveLast

功能：将记录指针移到最后一个记录。

⑤ ＜对象＞.Recordset.AddNew

功能：在表中的最后一个记录后面添加新记录。

⑥ ＜对象＞.Recordset.Delete

功能：删除当前可操作的记录。

⑦ ＜对象＞.Recordset.BOF

功能：返回记录指针是否移到第一个记录之前。

⑧ ＜对象＞.Recordset.EOF

功能：返回记录指针是否移到最后一个记录之后。

4．数据绑定控件

在 Visual Basic 中，Data 控件与 ADO 控件一样，只是负责数据库和应用程序之间的数据交换，利用它可以对数据库中的数据进行操作，但该控件本身却不能显示数据库中的数据，显示数据库中的数据需要由数据绑定控件来完成。

Visual Basic 中常与 Data 控件一起使用的标准绑定控件有：TextBox 文本框控件；Label 标签控件；ListBox 列表框控件；ComboBox 组合框控件；CheckBox 复选框控件；PictureBox 图片框控件；Image 图像控件。

数据控件显示数据前，需要设置 DataSource 属性和 DataField 属性。

下面通过例子说明 Data 控件和数据绑定控件的用法。

【例9－32】 设计数据浏览窗口：用 Data 控件和 TextBox 控件显示"学生库97. mdb"数据库中"学生成绩"表数据。

在窗体上添加标签控件、Data 控件和 TextBox 控件。设置 Data1 属性为 Access；设置 DatabaseName 属性为"学生库97. mdb"；设置 RecordSource 为"学生成绩"表。如图9－27所示，将各个文本框绑定表中相应的字段。程序执行结果如图9－28所示。

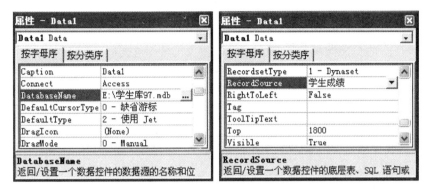

图9－27 Data 控件属性设置

图9－28 Data 控件应用

9.4.2 DataGrid 控件、MSFlexGrid 控件和 MSHFlexGrid 控件

DataGrid 控件、MSFlexGrid 控件和 MSHFlexGrid 控件都用于以网格形式显示数据库中的数据，并可以对数据进行操作。

1. DataGrid 控件

DataGrid 控件绑定到 ADO 控件上，其应用十分灵活，不仅可以显示数据，还可以直接增加、修改和删除数据。这些操作主要是通过设置 AllowAddNew、AllowUpdate 和 AllowDelete 3个属性实现的。设置这3个属性的方法有以下两种。

(1) 通过"属性页"对话框设置

右键单击 DataGrid 控件，执行"快捷菜单"中的"属性"命令，打开"属性页"对话框并选择"通用"选项卡，然后选择"允许添加""允许删除""允许更新"3个复选框，如

图 9-29 所示。

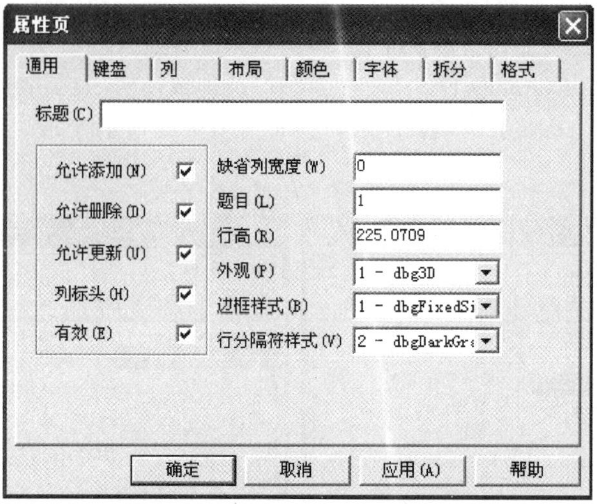

图 9-29　DataGrid 控件属性页

(2) 通过代码设置

用 DataGrid 控件显示"学生成绩"表中的数据,并允许通过该控件增加、修改和删除数据。应用程序代码如下:

```
Dim con As New ADODB.Connection
Dim rs As New ADODB.Recordset
Private Sub Form_Load()
    Adodc1.ConnectionString = "Provider = Microsoft.Jet.OLEDB.4.0;Data Source = E:\学生成绩管理\学生.mdb;Persist Security Info = False"
    Adodc1.RecordSource = "select * from 学生成绩"
    Set DataGrid1.DataSource = Adodc1
    Set MSHFlexGrid1.DataSource = Adodc1
    DataGrid1.AllowAddNew = True
    DataGrid1.AllowDelete = True
    DataGrid1.AllowUpdate = True
End Sub
```

当 AllowDelete 属性为 True 时,选定显示中的一条记录,单击＜Del＞键或者＜Ctrl+X＞组合键,该记录即可被删除。

2. MSFlexGrid 控件和 MSHFlexGrid 控件比较

MSHFlexGrid 控件是在 MSFlexGrid 控件的基础上发展而来的,其功能更强大和灵活。两个控件都提供了高度灵活的网格排序、合并和格式设置功能,区别是 MSFlexGrid 控件与 Data 控件绑定,数据是只读的;MSHFlexGrid 控件和 ADO 控件绑定,数据也是只读的,其主要特性是它能显示层次结构记录集,以层次结构方式显示的关系表。

本章小结

本章主要介绍了设计数据库应用程序所涉及的关系数据库、结构化查询语言、连接数据源的 ADO、Data 数据控件及相应的数据绑定控件等应用技术。这些都是开发设计数据库应用系统最基础、最重要的技术,也是深入学习数据库技术和开发复杂应用系统的基础,必须熟练掌握和应用。

习题 9

1. SQL 主要有哪些功能?
2. 数据操纵主要指哪些操作?
3. 设计"职工"数据表和"单位"数据表,完成:
① 两表分别添加若干条记录;
② 设计简单查询;
③ 设计连接查询和嵌套查询;
④ 统计各个单位职工人数。
4. ADO 控件的主要作用是什么?
5. ADO 控件能否显示数据?
6. 数据绑定是何含义?
7. 自学 BLOB(二进制大型对象)数据处理相关内容,设计一个应用程序,浏览记录时显示学生照片,单击"图片输入"按钮,打开通用对话框,选择指定图形文件将数据写入数据库中。
8. 创建一个窗体,设计一个歌手大赛评分系统。要求:在评委打分栏中输入分数,同时在选手成绩列表中显示出分数。单击"确定"按钮,计算出选手最后得分,并重新排名,如图 9-30 所示。

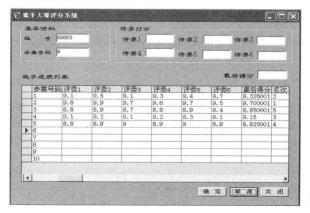

图 9-30 歌手大赛评分系统

9. 设计数据统计窗口：用网格形式显示"学生.mdb"数据库中"学生成绩"表的统计数据，如图9-31和图9-32所示。在窗体上添加ADO控件、DataGrid控件、命令按钮数组和MSChart控件，其中MSChart控件用于产生统计数据分析的圆饼图。

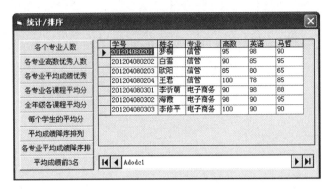

图9-31 统计/排序窗口

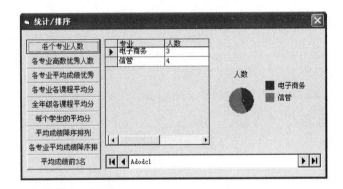

图9-32 统计各个专业人数

第 10 章 数据库应用系统开发案例

学习导读

案例导入
"高校奖学金综合测评管理系统"的设计开发步骤、开发方法与其他数据库应用系统基本相同。采用何种开发方法，明确各个阶段完成的主要工作，对于设计实现满足用户需求的系统至关重要。

知识要点
数据库管理系统已经成为各个行业日常管理中不可缺少的组成部分，它们都离不开数据库管理系统的强大支持。为了将前面章节所学知识和技术应用于实践，本章详细介绍肯德基宅急送管理系统的开发设计过程。

学习目标
- 了解数据库应用系统开发流程；
- 掌握使用 Visual Basic 6.0. 开发数据库应用系统的思路、方法和技术。

10.1 数据库应用系统开发方法

一种好的开发方法可以为数据库应用系统的整个开发过程提供一整套提高效率的途径和措施。数据库应用系统的开发方法主要有结构化生命周期法、快速原型法和面向对象方法等。

10.1.1 结构化生命周期法

结构化系统开发方法强调从系统的角度来分析问题和解决问题，面对要开发的系统，自顶向下地分析和设计系统。其主要思想是：将开发过程视为一个生命周期，也就是几个相互连接的阶段，每个阶段都有明确的任务，要产生相应的文档。上一个阶段的文档就是下一个阶段工作的依据。

结构化生命周期法将系统开发分为五个阶段：系统规划、系统分析、系统设计、系统实施、系统运行和维护。系统开发生命周期各阶段的主要工作如图 10-1 所示。

1. 系统规划

初步了解信息系统用户的组织机构、业务范畴以及新系统的目标，并且做出可行性分析，包括经济可行性、技术可行性和使用可行性。

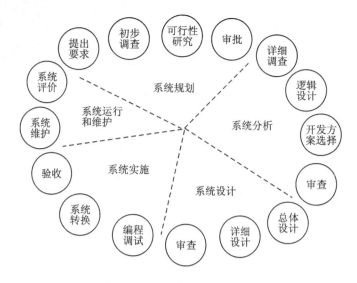

图 10-1 系统开发生命周期

2. 系统分析（需求分析）

了解用户的需求。基本目标是：对要处理的对象进行详细调查，在了解原系统（手工系统或以前开发的计算机系统）的情况、确定新系统功能的过程中，确定新系统的目标，收集支持新系统目标的数据需求和处理需求。

3. 系统设计

系统设计主要包括：概要设计（总体设计）和详细设计（模块设计）。

① 概要设计（总体设计）阶段的主要任务是把用户的信息要求统一到一个整体的逻辑结构或概念模式中，此结构能表达用户的要求，并且独立于任何硬件和数据库管理系统。从应用程序的角度来讲，这一步要完成子系统的划分和功能模块的划分；从数据库的角度来讲，要完成概念模型的设计。

② 详细设计（模块设计）阶段同样是包括数据库设计和应用程序设计两大部分。对数据库设计要根据具体的数据库管理系统设计数据库、设计关系、考虑数据的完整性、考虑数据的安全和备份策略等。对应用程序设计要给出功能模块说明，考虑实施方法，设计存储过程等。

4. 系统实施

系统实施就是根据上一步的设计结果建立数据库并装入原始数据，建立存储过程，编写和调试应用程序代码等。

调试与试运行阶段对各个子系统、各个模块要进行联合调试和测试，并试运行。在试运行阶段要广泛听取用户的意见，并根据运行效果进行评估，修改系统的错误，改进系统的性能。

5. 系统运行和维护。

将系统交给用户使用，在使用的过程中可能还会出现新的问题，甚至提出新的需求,还要不断对系统进行评价和维护。

结构化生命周期法的优点是:整体思路清楚,能够从全局出发,步步为营,减少返工,有利于提高开发质量;设计工作中阶段性强,每一阶段均有工作成果出现,且是下一阶工作的依据,工作进度比较容易把握,有利于系统开发的总体管理和控制。该方法强调从整体来分析和设计整个系统,在系统分析时可以诊断出原系统中存在的问题和结构上的缺陷。其缺点是:系统开发周期长;系统开发者在调查中要充分掌握用户需求、管理状况以及预见可能发生的变化;需要大量的文档和图表,这方面的工作量非常大,有时会造成效率低、成本高的问题。

10.1.2 快速原型法

快速原型法的基本思想是 1977 年开始提出来的,它试图改进结构化生命周期法的缺点,由用户与系统分析设计人员合作,在短期内定义用户的基本需求,开发出一个功能不十分完善的、实验性的、简易的应用软件基本框架(称为原型)。先运行这个原型,再不断评价和改进原型,使之逐步完善。其开发是一个分析、设计、编程、运行、评价多次重复、不断演进的过程。快速原型法由四个阶段组成:确定用户的基本需求,开发初步的原型系统,评价修改原型系统,正式开发。原型法开发的基本步骤如图 10-2 所示。

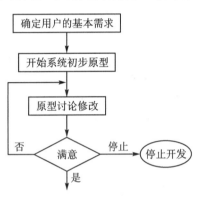

图 10-2 快速原型法开发基本步骤

快速原型法的优点是:认识论上的突破;改进了用户和系统设计者的信息交流方式;用户满意程度提高;开发风险降低;减少了用户培训时间,简化了管理;开发成本降低。其缺点是:对开发工具的要求高;解决复杂系统和大型系统问题困难;对管理水平的要求高。

10.1.3 面向对象方法

面向对象程序设计就是运用以对象作为基本元素的方法,用计算机语言描述并处理一个问题。面向对象程序设计符合客观世界本身的特点和人们分析问题的思维方式。面向对象程序设计就是把一个复杂的问题分解成多个功能独立的对象(类),然后把这些对象组合起来去解决复杂的问题。

面向对象程序设计方法具有四个基本特征:封装性、抽象性、继承性、多态性。

面向对象程序设计方法开发应用系统的工作过程分为四个阶段:

① 系统调查和需求分析。对系统将要面临的具体管理问题以及用户对系统开发的需求进行调查研究,弄清楚要解决什么问题。

② 面向对象分析(OOA)。采用面向对象的方法,把问题分解成类或对象,找出

这些对象的属性和操作及对象间的关系，建立一个直接反映系统任务的 OOA 模型及详细说明（用 UML 表示）。

③ 面向对象设计（OOD）。对面向对象分析的结果作进一步的抽象、归类、整理。

④ 面向对象的开发（OOP）使用面向对象的软件开发工具完成系统的开发。

面向对象程序设计方法的优点如下：

① 面向对象方法描述的现实世界更符合人们认识事物的思维方法，因而用它开发的软件更易于理解，易于维护。

② 面向对象的封装性在很大程度上提高了系统的可维护性和可扩展性。

③ 面向对象的继承性大大提高了软件的可重用性。

10.2　Visual Basic 应用程序打包

为了使一个应用程序能在其他计算机上正常运行，应将与应用程序所有相关的文件集中起来打包，形成一个 Setup.exe 安装包文件。

在应用软件开发完成之后，需要将应用软件打包，制作安装程序，最后将软件项目完整地交到用户手中。

应用程序打包的步骤：

① 启动 Visual Basic 自带的打包向导"Package & Deployment 向导"，如图 10-3、图 10-4 所示。

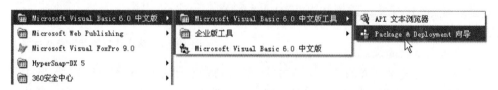

图 10-3　运行打包向导

注：运行打包之前，必须将工程保存并且编译。

② 单击打包，如果是第一次运行，系统会提示是否要编译工程，如果需要编译，则指定打包类型为"标准安装包"。

③ 指定打包文件夹，放置所有打包文件。

④ 列出执行文件和相关文件、控件对象库等，选择或添加最后打包相关文件。

⑤ 指定打包选项，主要为压缩文件选择压缩类型。

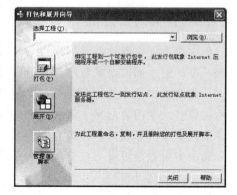

图 10-4　"打包和展开向导"对话框

⑥ 为安装程序设置安装标题。

⑦ 指定工作组与项目,创建安装后的应用程序在"开始"菜单中的工作组与项目。

⑧ 调整安装位置,将相关文件安装到默认的位置。

⑨ 指定共享文件,决定哪些文件以共享模式安装。

⑩ 完成打包,结束整个打包过程。

注:设计者可以根据需要,修改 VB 提供的安装程序的源代码,设计自己需要的安装程序。

10.3 肯德基宅急送管理系统设计与实现

本节通过"肯德基宅急送管理系统"实例,详细介绍开发一个管理系统的思路、方法和技术。通过对系统各个阶段设计思路、实现目标和设计流程的介绍,使学生迅速掌握开发管理系统的相关知识,设计实现一个 C/S 体系结构应用系统。实例系统数据库采用 Access2010,应用 Visual Basic 6.0 开发实现。

为给学生提供思考、分析和设计的空间,检验学生所学数据库知识和技术的应用能力,让学生参与到系统的开发设计实践中来,实例讲解部分只介绍重点模块,系统的功能代码没有提供。通过提供的主要功能窗体,学生不仅可以了解系统具体功能的设计,还可以自己编写代码实现具体功能。

1. 概 述

随着我国经济的不断发展和人们生活水平的不断提高,消费者的餐饮习惯也呈现出多元化的特点。人们不仅讲究饮食的科学、营养,更兼顾效率和方便。自从肯德基进入中国市场,特别是近几年肯德基外卖服务的市场投入,使买卖双方都受益匪浅。肯德基快餐不仅便利了消费群体的就餐,而且使肯德基收益颇丰。但随着工作生活节奏的加快,许多消费者没有时间光顾肯德基店去消费,因此肯德基预定外卖服务显得尤为重要。而科学、规范、快速的外卖服务离不开计算机的信息化管理,开发设计肯德基宅急送管理系统将极大地提高肯德基销售服务管理水平。

肯德基宅急送管理信息系统是在 Windows XP 操作系统下,以中文版 Visual Basic 6.0 为前台开发工具,用 SQL Server 2005 为后台数据库而实现的。系统主要拥有客户管理、菜单管理、订单管理、配送管理、销售分析、系统维护六大功能模块,每个模块基本实现了各自的数据输入、编辑、查询、统计和打印等功能。

2. 系统分析

(1) 系统需求分析

根据实际调研,该系统主要包括以下几大功能模块。

- 客户管理:新建客户信息及点餐信息的录入,对客户进行添加、删除、修改等;
- 商品管理:对商品及商品类别进行浏览、添加、删除、修改;

- 订单管理：对客户点餐信息进行查询及修改；
- 配送管理：查询客户点餐配送情况，并统计配送情况；
- 销售分析：对每样产品的销售情况进行分析比较。

（2）可行性分析

人们更多地选择外卖服务，是餐饮行业的一种巨大改变，这不仅是就餐形式的改变，同时也体现了社会形态和人们生活方式的变化，外卖服务是匹配当前社会发展状况的新形势，是有着很大发展空间的优秀业态。系统的开发应用力求与肯德基宅急送管理的实际工作相结合，旨在达到使管理工作趋于统一化、规范化、简约化，提高工作效率。

（3）系统功能分析

肯德基宅急送管理信息系统主要有六大功能模块：客户管理、KFC 菜单管理、客户订单管理、配送管理、销售管理、系统维护。客户管理是对客户的信息进行统一管理；KFC 菜单管理是为每位客户提供订餐的服务，对商品的资源及类别提供更快捷的更新，使顾客订餐时有更多的选择；客户订单管理是对客户订餐需求进行更改，详细掌握订单情况；配送管理是对客户订餐后配送情况的了解；销售管理是对商品销售情况的一个评比，使之能够体现出每样商品销售情况；系统维护模块主要包括对操作员添加、密码修改及数据备份三大功能，对更新后的数据库进行备份。

3. 总体设计

（1）项目规划

根据需求分析，设计系统框架。肯德基宅急送管理信息系统主要功能如下。

- 客户信息管理模块：客户信息录入、修改、删除；
- KFC 菜单管理模块：商品信息浏览录入、修改、删除；
- 商品类别管理模块：对商品类别进行管理；
- 客户订单管理模块：为每位客户进行订单查询，根据客户的需求进行添加、修改和删除客户的订单；
- 配送管理模块：对客户配送情况进行查询和统计；
- 销售明细模块：提供商品在某一特定时间销售情况的明细；
- 销售趋势分析模块：对销售商品的数量、金额进行的统计分析；
- 操作员模块：添加操作员、修改密码；
- 数据备份模块：对系统数据进行备份，保留历史数据。

（2）系统功能结构图

肯德基宅急送管理信息系统的功能结构图如图 10-5 所示。

（3）系统业务流程图

根据肯德基宅急送电话订餐的实际情况，系统主要流程有：客户电话进来，操作员录入客户信息，并记录客户所点的商品，打印成订单配餐，核对后配送。如果客户再打电话过来修改订单，修改订单后再进行配餐，核对后配送。

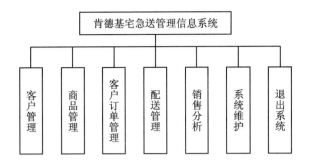

图 10-5　系统总体功能结构图

该系统的业务流程如图 10-6 所示。

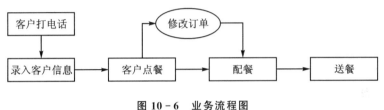

图 10-6　业务流程图

(4) 系统流程分析

根据客户对肯德基宅急送订餐方法,其系统流程分析如图 10-7 所示。

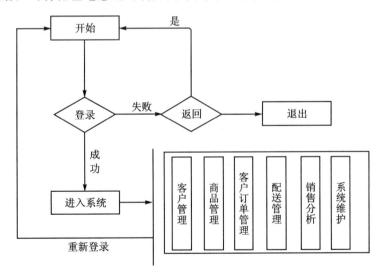

图 10-7　系统流程图

4. 系统设计

(1) 设计目标

针对肯德基宅急送在电话订餐方面的实际需求,系统实施后,应该达到以下预期目标:

● 系统界面友好,操作简单易行;
● 全面管理客户信息,时刻掌握客户到货情况;
● 客户资料录入、删除、修改;
● 商品信息的添加、修改、删除及商品的销售情况分析统计;
● 对客户订单信息随时添加、删除;
● 系统内部控制严密,数据库保密性好。

(2) 系统运行环境
● 系统开发平台:Visual Basic 6.0。
● 数据库管理系统:Access2010。
● 运行平台:Windows XP/Windows 2000。
● 显示像素:1024×768。

(3) 数据库设计
● 数据库的需求分析

根据肯德基宅急送信息管理模式,系统数据表主要有:顾客信息表、基本商品表、密码表、商品类别表和销售商品表。其中,顾客信息表包含了客户的详细信息,商品表包含了商品的具体信息,密码表主要包括用户名、密码,商品类别表包含商品分类项目;销售商品表包括客户点餐的所有信息。

● 数据库的概念结构设计

下面仅以顾客、商品两个实体为例,其 E-R 图如图 10-8、图 10-9 和图 10-10 所示。

图 10-8 顾客实体

● 数据库的逻辑结构设计

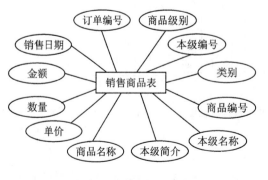

图 10-9 销售商品实体

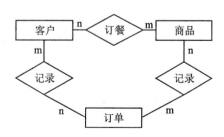

图 10-10 实体间关系

顾客信息表用来存储顾客的详细信息,见表10-1;商品基本表用来存储商品的详细信息,见表10-2;密码表,用来存储操作员的登录信息,见表10-3;商品类别表用来存储商品类别,见表10-4;销售商品表用来存储销售商品的信息,见表10-5。

表10-1 顾客信息表

字段名称	数据类型	说明
订单编号	文本	订单编号
顾客编号	文本	顾客编号
顾客姓名	文本	顾客姓名
送餐地址	文本	送餐地址
联系电话	文本	联系电话
手机	文本	手机
销售日期	日期/时间	销售日期
订餐金额	文本	订餐金额
送餐金额	文本	送餐金额
收款金额	文本	收款金额
配送情况	文本	配送情况

表10-2 商品基本表

字段名称	数据类型	说明
商品级别	文本	商品级别
本级编号	文本	本级编号
商品编号	文本	商品编号
本级名称	文本	本级名称
本级简介	文本	本级简介
商品名称	文本	商品名称
单价	文本	单价
数量	文本	数量
类别	文本	类别

表10-3 密码表

字段名称	数据类型	说明
编号	自动编号	编号
用户名	文本	操作员名称
密码	文本	密码

表10-4 产品类别表

字段名称	数据类型	说明
编号	文本	编号
类别名称	文本	类别名称

表10-5 销售商品表

字段名称	数据类型	说明
订单编号	文本	订单编号
商品级别	文本	商品级别
本级编号	文本	本级编号
商品编号	文本	商品编号
本级名称	文本	本级名称
本级简介	文本	本级简介
商品名称	文本	商品名称
单价	文本	单价
数量	文本	数量
金额	文本	金额
类别	文本	类别
销售日期	日期/时间	销售日期

5. 主要功能模块设计

根据系统功能需求,进行系统界面设计。下面介绍主要界面的设计和实现。

(1) 系统登录模块设计

用户进入系统前必须通过系统登录进入主程序界面,系统登录界面主要实现以下功能:确认用户身份,支持键盘、鼠标操作。登录界面如图 10－11 所示。

图 10－11　系统登录界面

(2) 系统主窗体设计

系统主窗体界面如图 10－12 所示。

图 10－12　系统首界面

(3) 新订单模块设计

进入新订单页面后,主要实现的功能如下:添加客户信息,记录客户点餐信息;点餐结束后,进入客户自己的订单界面对客户的点餐金额进行统计,并告知客户准备相应的金额,再把客户的信息及订餐信息打印出来,交给送货员及配餐人员。"新建订单"界面如图 10－13 所示,"我的订单"如图 10－14 所示。

(4) 商品管理模块设计

"商品管理"界面是对商品的信息进行浏览、添加、删除、修改,如图 10－15 所示。

第10章　数据库应用系统开发案例

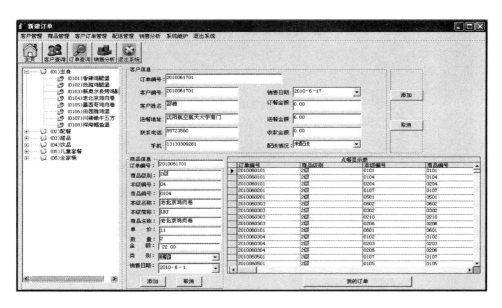

图 10-13 "新建订单"管理界面

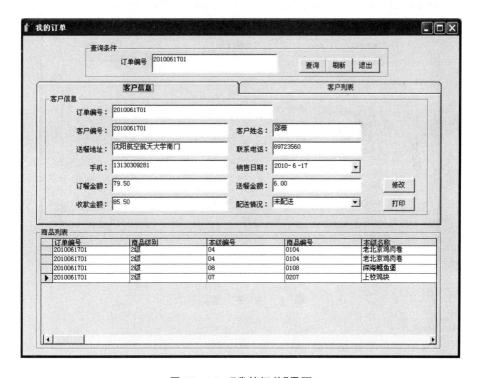

图 10-14 "我的订单"界面

(5) 客户管理模块设计

客户管理实现对客户信息进行浏览、查询、添加、修改、删除,如图 10-16 和

图 10-15 "商品管理"界面

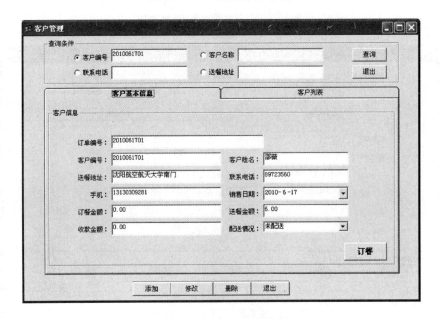

图 10-16 客户管理模块

图 10-17 所示。

(6) 客户订单管理模块设计

客户订单信息通过对订单编号进行查询,得到客户订单信息,根据客户对订单信息的需求进行添加、删除。客户订单管理界面如图 10-18 所示。

(7) 配送管理界面设计

● 对客户配送情况进行查询。当客户打电话询问送餐情况时候,可以根据订单

第10章 数据库应用系统开发案例

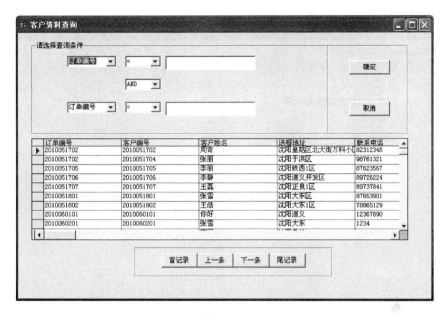

图10-17 客户资料查询模块

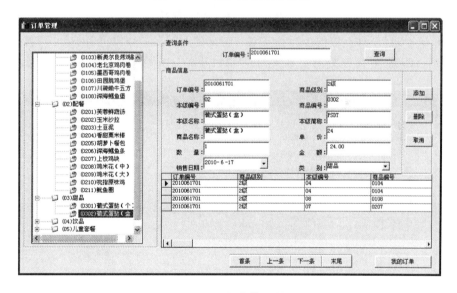

图10-18 "订单管理"界面

的编号、客户编号、客户名称进行查询。
- 对客户配送情况进行统计。统计在特定的时间内,对客户送货情况的一个汇总。"配送查询"界面如图10-19所示。

(8) 销售分析模块设计
- 销售明细,提供销售商品在特定的时间内的明细,了解商品的销售情况。

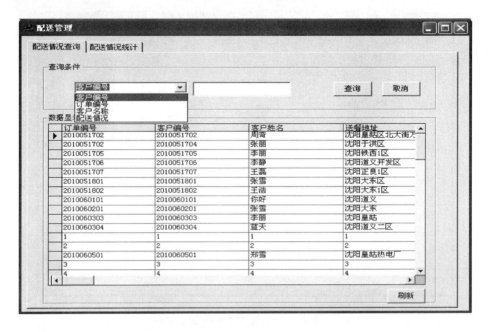

图 10-19 "配送查询"界面

● 销售趋势分析,对销售商品在某一特定的时间段的数据进行统计分析。"销售明细"界面如图 10-20 所示,"销售趋势分析"界面如图 10-21 所示。

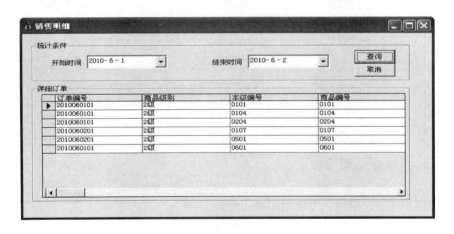

图 10-20 "销售明细"界面

(9) 数据备份模块设计

定期对数据库进行备份,保证数据的安全。点击主菜单"系统维护"中"数据备份",通过选择数据库路径,单击"确定"按钮,即可完成备份操作。"数据备份"界面如图 10-22 所示。

第 10 章 数据库应用系统开发案例

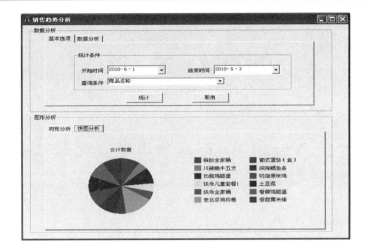

图 10-21 "销售趋势分析"界面

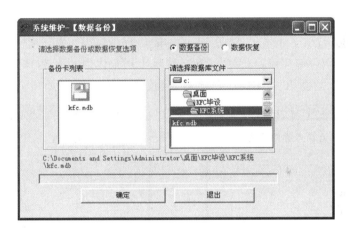

图 10-22 "数据备份"界面

本章小结

本章主要介绍数据库应用系统的开发方法、步骤和数据库访问技术等内容,并通过一个实例介绍如何开发数据库应用系统。

习题 10

1. 开发数据库应用系统主要有哪些方法?
2. 结构化生命周期法将系统开发分为哪几个阶段,各个阶段主要完成哪些工作?
3. 简述 ADO 的作用?

附录 A 实 验

实验 1　Visual Basic 环境与可视化编程基础

一、实验目的

　　1. 掌握启动和退出 Visual Basic 6.0 的方法；
　　2. 熟悉 Visual Basic 6.0 集成开发环境；
　　3. 掌握建立、编辑和运行一个 Visual Basic 程序的基本步骤。

二、实验内容

　　1. 启动 Visual Basic 6.0，熟悉 Visual Basic 程序集成开发环境。
　　2. 创建一个应用程序，当程序运行后屏幕上用宋体、12号、粗体显示"你好！请输入你的姓名"，如图 A-1 所示；单击"确定"按钮后，屏幕显示如图 A-2 所示。

 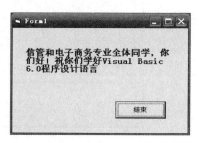

图 A-1　实验 1.2 运行界面(a)　　　　图 A-2　实验 1.2 运行界面(b)

　　3. 创建 Visual Basic 程序，如图 A-3 所示。单击"黄色窗体"按钮，将窗体的背景设置为黄色；单击"红色文本"按钮，将窗体中文本的颜色设置为红色；单击"结束程序"按钮，结束程序运行。

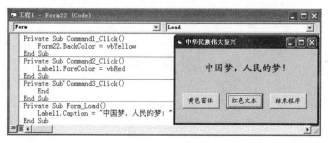

图 A-3　实验 1.3 运行界面及代码

4. 编写程序计算圆的面积,程序运行界面如图 A-4 所示。

图 A-4　实验 1.4 运行界面

实验 2　选择分支结构程序设计

一、实验目的

1. 熟练掌握关系运算和逻辑运算在程序设计中的应用;
2. 熟练掌握 if 语句和 Select Case 语句实现多分支选择结构的方法;
3. 熟练掌握 if 语句的嵌套应用。

二、实验内容

1. 编写程序,按照下面 x 的取值范围计算 y 值:

$$y=\begin{cases} x & x<100 \\ 0.95x & 100\leqslant x<200 \\ 0.9x & 200\leqslant x<300 \\ 0.8x & 300\leqslant x<500 \\ 0.7x & 500\leqslant x \end{cases}$$

要求:① 用单行形式的 IF 语句编写程序;② 用嵌套的块 IF 语句编写程序; ③ 用 If - ElseIf - End If 结构编写程序;④ 用 Select Case - End Select 结构编写程序。

2. 编写程序,判断某一年是否是闰年:能被 4 整除,但不能被 100 整除;能被 4 整除,又能被 400 整除;满足二者之一就是闰年。

3. 键盘输入 3 个数(代表 3 条线段的长度),判断是否构成三角形,如果构成三角形,进一步判断是否为等边三角形或直角三角形。

4. 编写程序,模拟计算器的加、减、乘、除功能。要求键盘输入两个操作数和操作符。

5. 编写程序,计算两个非零整数的商和余数。要求大数除以小数和求余数。

实验 3 循环结构程序设计

一、实验目的

1. 熟练掌握三种循环控制结构在程序设计中的应用；
2. 熟练掌握 Exit 语句在循环结构中的使用。

二、实验内容

1. 编写程序，判断 2 000～2 050 之间哪些是闰年。

2. 编写程序，计算 3! ＋5! ＋7!。

3. 键盘输入一组学生 3 门课程的成绩，要求：① 计算和输出每名学生的平均成绩、最高分和最低分。② 计算所有学生的总平均成绩。③ 每次完成 1 名学生成绩的计算、输出，判断是否继续其他学生成绩的输入。

实验 4 数　　组

一、实验目的

1. 掌握数组的定义及基本使用方法；
2. 掌握动态数组的使用方法；
3. 掌握控件数组的使用方法。

二、实验内容

1. 编写程序，随机产生 100 名学生"VB 程序设计"课程考试成绩（0～100），要求：① 统计各个分数段的人数。② 输出最高分和最低分。③ 计算平均分和及格率。④ 将成绩从高到低进行排序。

2. 设计简单计算器窗体，完成"加、减、乘、除"功能，如图 A－5 所示。要求：命令按钮和文本框用控件数组实现。

3. 荷兰国旗问题：有三种颜色（红、白、蓝）的石子混合排成一条长龙，设计一算法将其分色（红、白、蓝）排列。

① 调试下列程序，分析算法实现，输出运行结果。

图 A－5　实验 4.2 运行界面

```
Private Sub Form_Click()        "stdio.h"
    Dim i%,j%,k%,a,c,t
    a = Array("R","W","B","B","R","R","W","R","B","W","W","B","R","W")
    For k = 1 To 3
        If k = 1 Then
            c = "W"
        Elseif k = 2  Then
            c = "R"
        Else
            c = "B"
        End If
        For i = 0  To UBound(a)
            If a(i) = c Then t = a(j):a(j) = a(i):a(i) = t:j = j + 1
        Next i
    Next k
    For i = 1 To UBound(a)
        Print a(i) ;
    Next i
End Sub
```

② 编写程序,借助第 2 个数组解决荷兰国旗问题。

③ 还有其他更好的算法解决荷兰国旗问题吗?

实验 5   过   程

一、实验目的

1. 掌握函数子过程的定义与调用方法;

2. 掌握 Sub 子过程的定义与调用方法;

3. 掌握传值调用、传址调用两种方式编写过程;

4. 掌握函数的递归调用。

二、实验内容

1. 编写应用程序,如图 A-6 所示。单击"调用＋过程"按钮调用 a 过程完成两个数相加功能;单击"调用－过程"按钮调用 s 过程完成两个数相减功能。

2. 编写函数,将学生成绩从高到低排序,并统计优秀与不及格人数。要求:① 学生数与学生成绩从键盘输入。② 优秀人数由函数值返回;不及格人数通过参数返回。

3. 编写应用程序,根据文本框中输入的整数 n,求出 Fibonacci 序列的前 n 项,并添加到列表框中,如图 A-7 所示。要求:编写一个 Fibonacci 函数过程,用来返回第 K 项的 Fibonacci 数。

4. 用递归调用,计算输出 Fibonacci 数列的前 20 项。

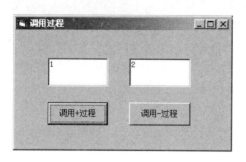

图 A-6 实验 5.1 运行界面

图 A-7 实验 5.3 运行界面

实验 6 用户界面设计

一、实验目的

1. 掌握自定义对话框的设计方法；
2. 掌握常用控件和 ActiveX 控件的使用方法；
3. 掌握公用对话框的使用方法；
4. 掌握菜单的设计方法；
5. 掌握常用鼠标事件过程的功能和使用方法；
6. 掌握常用键盘事件过程的功能和使用方法。

二、实验内容

1. 编写应用程序，运行界面如图 A-8 所示。某区六层的楼房，各层房价系数见表 A-1，面积如图 A-8 所示。

表 A-1 楼层系数表

楼 层	房价系数	楼 层	房价系数
一	1	四	1.1
二	1.1	五	1.05
三	1.15	六	0.95

2. 编写一个应用程序，运行界面如图 A-9 所示。

要求：① 程序启动时，在左列表框中任意加入几个条目，右列表框为空，命令按钮"<"和"<<"不可用。② 在左列表框中选种 1 个条目，单击命令按钮">"，则将该条目内容移到右列表框。右列表框只要有条目，"<"和"<<"即可用。③ 若单击命令按钮">>"，则将左列表框中所有条目移到右列表框。④ 当左列表框中无条目时，命令按钮">"和">>"不可用。⑤ 在右列表框中选 1 个条目，单击命令按钮

"<",则将该条目内容移到左列表框;单击命令按钮"<<",则将右列表框中的所有条目移到左列表框。

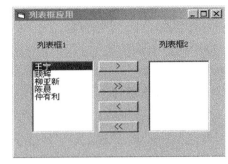

图 A-8 实验 6.1 运行界面   图 A-9 实验 6.2 运行界面

3. 设计窗体,在窗体上添加两个命令按钮,一个文本框和一个通用对话框,如图 A-10 所示。当单击"打开"按钮时,通用对话框显示"打开"对话框,用户选择一个文件名并显示在文本框中。当单击"字体"按钮时,文本框的内容按选择的字体和字号显示。

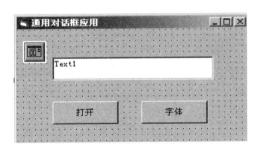

图 A-10 实验 6.3 设计窗体

4. 设计菜单。要求:模仿 Visual Basic 6.0 系统菜单设计菜单,其中选择某些菜单项能调用显示 1、2、3 题的窗体。

5. 编写应用程序,运行界面如图 A-11 所示。用户名称可从组合框中选择;在"用户名称"框中按回车键,"密码"框获得焦点;在"密码"框中按回车键,等价于单击"确定"按钮;单击"确定"按钮后,若密码正确,则打开有待建设的主窗体;单击"取消"按钮结束程序。

6. 实现在窗体上随意拖动图片框或文本框,运行界面如图 A-12 所示。

图 A-11 实验 6.5 运行界面

图 A-12 实验 6.6 运行界面

实验 7 文 件

一、实验目的

1. 进一步理解文件的概念,了解数据在文件中的存储方式;
2. 掌握顺序文件的读写方法;
3. 掌握随机文件的读写方法;
4. 掌握文件系统控件的功能和用法。

二、实验内容

1. 编写程序,如图 A-13 和图 A-14 所示,用 Line Input 语句读出并显示 t1.txt 文件的内容。

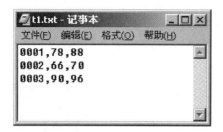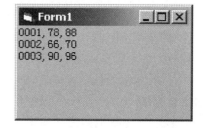

图 A-13 实验 7.1 数据文件　　　　图 A-14 实验 7.1 运行界面

2. 先创建 C:\temp.txt, 然后读出并显示该文件内容

```
Private Sub Form_Click()
    Dim s1 As String, s2 As String, s3 As String
    Open "c:\temp.txt" For Append As #1
    Write #1, "Ding Xiao", 25, "男"         '写入以逗号隔开的数据
    Write #1, "Wang Xiao", 23, "女"
    Close
    Open "c:\temp.txt" For Input As #1
    Do While Not EOF(1)
        Input #1, s1, s2, s3
        Print s1, s2, s3
    Loop
End Sub
```

注：观察所创建的数据文件和运行结果。

3. 设计如图 A-15 的窗体，阅读下列程序，分析运行过程和运行结果。

代码如下：

```
Private Type ShuJu
    Name As String * 10
    Tel As String * 10
End Type
Dim Ren As ShuJu, n As Integer
Private Sub CmdNew_Click()
    Open "address.txt" For Random As #1 Len = Len(Ren)
    n = InputBox("人数?")
    For i = 1 To n
        Ren.Name = InputBox("Input name:")
        Ren.Tel = InputBox("Input Tel.NO:")
        Put #1, i, Ren
    Next i
    Close #1
End Sub
Private Sub CmdAppend_Click()
    Open "address.txt" For Random As #1 Len = Len(Ren)
    n = LOF(1) / Len(Ren)        'LOF 函数返回文件的字节数
    m = InputBox("追加几条记录?")
    For i = 1 To m
        Ren.Name = InputBox("Input name:")
        Ren.Tel = InputBox("Input Tel.NO:")
        Put #1, n + i, Ren
    Next i
    Close #1
End Sub
Private Sub CmdOutput_Click()
    Open "address.txt" For Random As #1 Len = Len(Ren)
    i = InputBox("输出第几条记录")
    Get #1, i, Ren
    Text1.Text = Ren.Name + Ren.Tel
    Close #1
End Sub
```

图 A-15　实验 7.3 设计窗体

实验 8　数据库技术综合应用

一、实验目的

1. 掌握 Access 数据库的建立和表结构的设计方法；
2. 掌握 Data 控件和 ADO 控件的使用方法和常用属性；
3. 掌握数据绑定控件的应用；
4. 掌握简单 SQL 数据查询。

二、实验内容

1. 设计数据库"教学.mdb"和数据表"课程"，数据表包含：学年、学期、课程、教师等字段。添加多条记录，完成数据库转换。

2. 编写应用程序，实现数据库连接和数据查询功能，如图 A-16 所示。

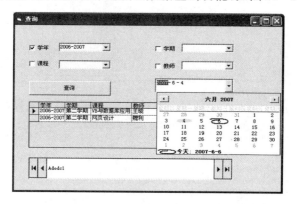

图 A-16　数据库连接和查询运行界面

3. 设计工资数据编辑浏览窗口，如图 A-17 所示。要求：设计"工资.mdb"数据库，其中包含"基本工资"数据表和"部门"数据。

4. 设计一个系统菜单界面，调用上述编辑浏览程序和查询程序。

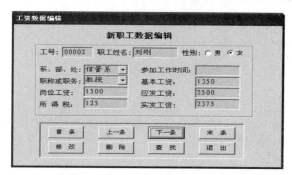

图 A-17　工资数据编辑浏览运行界面

附录 B 自测题

自测题 1

一、填空题(本题 10 分,每小题 1 分)

1. VB 6.0 集成开发环境工作状态的模式包括设计模式、运行模式和_____模式。

2. 在 VB 6.0 中,可以通过_____语句强制数组下标从 1 开始。

3. VB 中常见错误包括语法错误、运行错误和_____错误。

4. 结构化程序设计的三种基本结构包括_____。

5. 面向对象程序设计中,对象的三要素是:属性、方法和_____。

6. Got Focus 事件在_____时触发。

7. 在 VB 6.0 中,所有未定义的变量的默认数据类型是_____。

8. 不论什么控件,共同具有的是_____属性。

9. 在 VB 中,用户可选择_____命令来加载其他控件到工具箱中。

10. VB 中按其作用域分为全局变量、模块级变量和_____变量。

二、判断题(本题 10 分,每小题 1 分)

1. VB 中,n=8,声明可调数组:dim a() as integer : redim a(n)。

2. 将 TEXT1 绑定到 ADODC1 产生的记录集对象的姓名字段,属性设置:

DATASOURCE = ADODC1,DATAFIELD = 姓名

3. VB 中,子过程名有值、有类型;函数过程名无值、无类型。

4. 在 VB 中,程序设计是基于对象的,采用事件驱动的编程机制。

5. VB 工程中,Form1(Form1.frm)括号左边的 Form1 表示 Name,括号内的表示已保存在磁盘上的文件名。

6. 在 VB 中,保存程序的顺序是:先保存工程,然后再保存窗体。

7. 在 VB 中,标签的内容只能用 Caption 属性来设置或修改,不可以直接编辑。

8. 在 VB 中,可以用 5a 作为变量名。

9. For i=-3 to 20 step 4 循环的次数为 7。

10. List1.Clear 的作用是清除列表框中的所有项目。

三、选择题(本题 10 分,每小题 1 分)

1. Visual Basic 6.0 规定窗体文件的扩展名是_____。
   A. vbp   B. frm   C. for   D. bas

2. 用 Dim B%(5)语句所声明的的数组的全部元素都初始化为_____。
   A. 0   B. 1   C. False   D. 空字符串

3. VB 中最基本的对象是_____,它是应用程序基石,是其他控件的容器。
   A. 文本框   B. 命令按钮   C. 窗体   D. 标签

4. 多窗体程序是由多个窗体组成的,在默认情况下,VB 在应用程序执行时,总是把_____指定为启动窗体。
   A. 不包含任何控件的窗体   B. 设计时的第一个窗体
   C. 包含控件最多的窗体   D. 命名为 Form1 的窗体

5. VB 中:Text1.Text="Text1.Text",则 Text1、Text、"Text1.Text"分别代表_____。
   A. 对象、值、属性   B. 对象、方法、属性
   C. 对象、属性、值   D. 属性、对象、值

四、阅读程序(本题 15 分,每小题 5 分)

1. 写出下面程序完成的功能。

```
Private Sub Command1_Click()
    Dim s!, t!, i&
    s = 1
    t = 1
    For i = 1 To 100000
        t = t + i
        s = s + 1 / t
        If 1 / t < 0.0001 Then Exit For        程序功能:
    Next i
    Print "s = ", s
End Sub
```

2. 写出下面程序完成的功能。

```
Private Sub Form_Click( )
    Const   N = 10
    Dim D(N) As Integer, I%, J%, T%
    Randomize
    For I = 1 To N
        D(I) = Rnd * 100
    Next I
    For I = 1 To N - 1
        For J = 1 TO N - 1 - I
            If D(J) > D(J + 1)  Then
                T = D(J) :D(J) = D(J + 1): D(J + 1) = T
```

```
            End If
        Next J
    Next I
    For I = 1 To N                程序功能:
        Print D(I);
    Next I
End Sub
```

3. 执行下面程序,写出输出结果。

```
Private Sub Command1_Click()
    Dim i% , isum%
    Text1.Text = ""              输出结果:
    For i = 1 To 3
        isum = sum(i)
        Text1.Text = Text1.Text + "isum = " & isum & vbCrLf
    Next i
End Sub
Function sum(ByVal n As Integer)
    Static j As Integer
    j = j + n
    sum = j
End Function
```

五、完善程序(本题 32 分,每个空 2 分)

1. 如图 B-1 所示,有文本控件 text1～text4,其中 text4 为多行文本控件。

图 B-1　顺序读写文件

```
Private Sub Command1_Click()
    Open "E:\VB_DATA\Score.txt" For _____

    _____
    Close #1
End Sub
Private Sub Command2_Click()
    Open "E:\VB_DATA\Score.txt" For Input As #1      '打开文件供读取数据
    Dim No As String
    Dim Name As String
```

```
        Dim Score, Sum, count As Integer
        Text4.Text = ""
        Do While Not EOF(1)
            _____        '读一行(学号、姓名、成绩)
            Sum = Sum + Score
            count = count + 1
            Text4.Text = Text4.Text + No & Space(2) + Name + Space(2) & Score & vbCrLf
        Loop
        Text4.Text = Text4.Text + "总    分:" & Sum & vbCrLf
        Text4.Text = Text4.Text + "平均成绩:" & Sum / count & vbCrLf
        Close #1
End Sub
```

2. 编一求最大公约数的函数过程。

```
Function gcd%(ByVal m%, ByVal n%)
    If m < n Then t = m: m = n: n = t
    r = m Mod n
    Do While (_____)
        m = n: n = r: r = _____
    Loop
    _____
End Function
Private Sub Command1_Click()
    Text3 = gcd(Text1, Text2)
End Sub
```

3. 用递归调用实现 $fun(x,y)=x^y$。

```
Public Function fun(x%, y%) as long
    If y = 0 then
        Fun = 1
    Else
        _____
    Endif
End Function
Private Sub Form_Click()
    Dim x%, y%
    x = 2: y = 5
    Print "2 的 5 次幂 = "; _____
End Sub
```

4. 在有序数组 a 中插入数值 x,数组元素值为 1,4,7,9,12,23,56。

```
Private Sub Form_Click()
    Dim a(), i%, k%, x%, n%
    a = _____        '数组赋值
    n = UBound(a)
    x = 14
    For k = 0 To n                           '查找欲插入数 x 在数组中的位置
        If _____ Then Exit For
```

```
        Next k
        _____                    '数组增加一个元素
        For i = n To k Step  - 1             '数组元素后移一位,腾出位置
        _____
        Next i
        a(k) = x
        For i = 0 To n + 1   Print a(i);  Next i
End Sub
```

5. 根据注释,完善程序,程序执行如图 B-2 所示。

```
Private Sub Command1_Click(Index As Integer)
    Select Case Index
    Case 0  '首记录
    Case 1  '上一条
    Case 2  '下一条
        _____

    Case 3  '尾记录
        _____
    Case 4  '查询
        Dim mno As String
        mno = InputBox("请输入学号","查找窗")
        Adodc1.Recordset.MoveFirst
        _____    '用 Find 方法
        If Adodc1.Recordset.EOF Then MsgBox "无此学号!",,"提示"
    End Select
End Sub
```

图 B-2　编辑浏览窗体

六、编写程序(本题 23 分)

如图 B-3 所示,数据控件为 Adodc1、TEXT1,数据表为"学生"。

① ADODC1 属性设置,记录源的命令类型,记录源的命令文本(SQL)。② 如果专业为空,查询所有学生信息;否则查询指定专业的学生信息。③ 统计各个专业人数(SQL 语句)。④ 显示成绩前 3 名学生信息(SQL 语句)。⑤ 查询王姓学生信息(SQL 语句)。⑥ 查询与"中华"在同一个专业的所有学生信息(SQL 命令)。

251

图 B-3 浏览查询窗体

自测题 2

一、填空题(本题 20 分,每小题 1 分)

1. 结构化程序设计包括三种基本结构_____。
2. VB 6.0 的三种工作模式_____。
3. VB 6.0 中窗体文件的扩展名为_____。
4. 通过工具栏可以快速访问常用的菜单命令。"标准"工具栏中第 2 个工具项和倒数第 3 个工具项是_____。

5. 实例化对象的三要素_____。
6. VB 6.0 中,表达式 110 & 410 的值为_____。
7. VB 6.0 中,根据窗体的功能,窗体分为_____。
8. VB 6.0 中,不论什么控件,都具有_____属性。
9. 将 form1 窗体的标题设置为"系统登录",需修改属性_____。
10. VB 6.0 中,过程是模块化程序设计中,实现_____的一段代码。
11. VB 6.0 中,将文本框 Text1 设置为密码输入,需修改属性_____。
12. 运行程序时,若使 Command2 按钮不可用,应将属性_____设置为 False。
13. IF A<B THEN T=B ELSE T=A 的等价函数表示_____。
14. for i=10 to 1 的循环次数为_____。
15. 窗体模块包含事件过程、本窗体内过程共享的子过程和_____。
16. Text1.SetFocus 语句的作用_____。
17. Exit For 语句的作用_____。
18. Const N%=5 语句的作用_____。

19. 清除列表框 List1 中所有项目的语句 ＿＿＿＿＿＿＿＿＿＿＿＿＿＿＿＿。

20. m＝int(rnd＊31＋10)语句的作用 ＿＿＿＿＿＿＿＿＿＿＿＿＿＿＿＿。

二、简答题(本题 10 分,每小题 2 分)

1. VB 中,未定义变量是什么类型？如果程序中要求变量必须先定义后使用,如何解决？

2. 设计窗体时,如果需要工具箱中标准控件以外的控件对象(如 ADO 数据控件),如何操作？解释 ADO 数据控件的 RecordSource 属性？

3. 创建和运行 VB 应用程序的主要步骤？

4. 解释 Redim Preserve s(10)？事件 Load？

5. 解释并输出 Option Base 1：Dim s％(5)：Print LBound(s),UBound(s)？

三、阅读程序(本题 24 分)

1. 画流程图,描述:键盘输入 50 个数,计算累加和与平均值,并输出。(5 分)

2. 写出下面程序代码实现的功能。(2 分)

```
Option Base 1
Dim s％(8,8),i％,j％
For i = 1 to 8
    For j = 1 to 8
        If i = j or i + j = 9 then s(i,j) = 1
    Next j
Next i
……
```

3. 画出下面语句执行对应的消息框。(2 分)

```
MsgBox "姓名:" & xm & vbCrLf & "成绩:" & cj , , "期末 VB 成绩"
```

4. 用 For…Next 循环语句改写下面的 Do Until…循环语句。(3 分)

```
Dim i％, s％
i = 1: s = 0
Do Until i＞100
    s = s + i
    i = i + 1
Loop
……
```

5. 写出下面程序代码执行的结果。(2 分)

```
i = 1 :s = 0
Do While i＜ = 100
        s = s + i : s = s + 2
Loop
Print "i = " , i
```

6. 分析完善程序,用选择法排序实现 10 个数的递增排序。(3 分)

```
Private Sub Form_Click()
    Dim i%, j%, k%, t%, a
    a = _____(15, 29, 20, 12, 47, 36, 34, 16, 66, 25)
    Print "排序前:"
        For i = 0 To 9
        Print Space(3); a(i);
    Next i
    For i = 0 To 8
        k = i
        For j = k + 1 To 9
            If a(k) > a(j) Then _____
        Next j
        t = a(i): _____: a(k) = t
    Next i
    Print "排序后:"
    For i = 0 To 9
        Print Space(3); a(i);
    Next i
End Sub
```

7. 分析程序的执行,写出运行结果。(4分)

```
Private Sub Form_Click()
    Dim i%, j%, k%, a, c, t
    a = Array("Y","X","Z","Z","Z","Y","X","Y","Z","X","X","Z","Y","X","Y")
    For k = 1 To 3
        If k = 1 Then c = "X"
        Elseif k = 2 Then c = "Y"
        Else c = "Z"
        End If
        For i = 0 To UBound(a)
            If a(i) = c Then t = a(j):a(j) = a(i):a(i) = t:j = j + 1
        Next i
    Next k
    For i = 1 To UBound(a)
        Print a(i);            运行结果:
    Next i
End Sub
```

8. 分析完善程序:向文件中添加信息,然后再读出文件信息输出。(3分)

```
Private Sub Form_Click()
    Dim s1 As String, s2 As String, s3 As String
    Open "c:\temp.txt" For _____ As #1
        _____ #1, "中国共产党", 95, "岁"        '写入以逗号隔开的数据
    Close
    Open "c:\temp.txt" For Input As #1
    Do While Not EOF(1)
        _____ #1, s1, s2, s3
        Print s1, s2, s3
    Loop
End Sub
```

四、SQL 语句操作(本题 10 分)

英雄榜(身份证号,姓名,高考成绩,录取学校,录取专业),针对"英雄榜"数据表完成:① 统计各个学校录取人数(2 分)。② 查询被"沈阳航空航天大学""物流管理"专业录取的学生(2 分)。③ 查询高考成绩为前 5 名学生的录取信息(2 分)。④ 查询"王"姓学生的录取信息(2 分)。⑤ 查询与"梦桐"在同一个录取学校的所有学生信息(2 分)。

五、程序设计(本题 36 分)

1. 编写程序,计算 3!+5!+7!(4 分)
2. 编写程序,键盘输入 x 值,按照下面 x 的取值范围,计算 y 值(4 分)

$$y = \begin{cases} x & x<10 \\ 0.8 & 10 \leqslant x<20 \\ 0.6x & 20 \leqslant x<30 \\ 0.4x & 30 \leqslant x<50 \\ 0.2x & 50 \leqslant x \end{cases}$$

3. 编写递归函数过程,计算输出 Fibonacci 数列的前 20 项(4 分)
4. 编写系统登录窗口的登录事件过程代码。(8 分)
5. 编写如图 B-4 所示系统窗口中工具条按钮过程代码(3 分)

图 B-4 工具条

```
Private Sub Toolbar1_ButtonClick(ByVal Button As MSComctlLib.Button)
End Sub
```

6. 设计单项查询窗口,显示"教学.mdb"数据库中"课程"表中被查询的记录信息,如图 B-5 所示。其中,组合框为 Combo1(5 分)

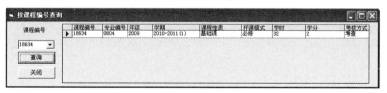

图 B-5 查询窗口

① Adodc1 数据库控件为 DataGrid 数据表格控件提供数据源,其中,记录源命令类型_____,命令文本(SQL)_____。

② 【查询】事件过程代码。

7. 编写函数,统计优秀与不及格人数(8 分)

要求:① 学生数与学生成绩从键盘输入。② 优秀人数由函数值返回;不及格人数通过参数返回。